한국유산기

바람의 산 구름의 산

한국유산기
바람의 산 구름의 산

김재준 지음

1판 1쇄 발행 | 2022. 3. 3

발행처 | **Human & Books**
발행인 | 하응백
출판등록 | 2002년 6월 5일 제2002-113호
서울특별시 종로구 삼일대로 457 1409호(경운동, 수운회관)
기획 홍보부 | 02-6327-3535, 편집부 | 02-6327-3537, 팩시밀리 | 02-6327-5353
이메일 | hbooks@empas.com

ISBN 978-89-6078-757-5 03980

한국유산기

바람의 산 구름의 산

김재준 지음

Human & Books

차례

/ 시작하는 말 /

바람의 산 구름의 산

지구 대부분이 자연으로 있었지만 불과 1세기 만에 77%가 사라지고 그나마 남은 부분도 위기에 처해 있다. 탐욕적인 인간의 활동으로 미래를 착취하며 '기후 되먹임'[1]을 가속화시켰다. 바다와 삼림파괴, 가학적 사육, 비료와 농약살포 등으로 생태계는 균형을 잃었고 홍수·가뭄·산불·태풍·폭설 등 극단적 재난이 일상화 됐다.

망가진 야생을 되돌려 놓지 않으면 100년 안에 5도 이상 상승해 생존이 불가능하게 된다. 황산 비가 내리고 250도를 오르내리는 이웃 행성은 남의 얘기가 아니다. 전 세계에 창궐하는 코로나 사태도 결코 우연이 아니라는 것이다. 야생공간의 파괴로 살 곳을 빼앗긴 동물들이 인간의 영역으로 이동하면서 바이러스도 같이 몰려오고 있다. 전염병 대유행의 전조다.

자연의 주인이라는 착각과 오만의 결과 혹독한 대가를 치르고 있다. 착취해 얻은 풍요의 역습이 시작된 것. '지구에겐 면도날만큼 얇은 시간만 남았다.'[2]는 경고는 그나마 절망속의 빛이다. 날마다 베어내고 파헤치고 흙과 원수가 된 사람들은 아스팔트·시멘트로 땅의 숨통을 다 막아 놨다. 이웃 간 석상(石像) 경쟁으로 숲이 사라져 원시부족으로 퇴행된 이스터 섬 교훈을 외면하고 있다.

---

1 기후 되먹임(climate feedback), 기후시스템을 구성하는 각 과정의 결과가 다음 과정에 변화를 주고, 다시 처음의 과정에 영향을 주게 되는 상호작용 메커니즘.

2 제러미 리프킨(Jeremy Rifkin), 미국의 경제학자·문명비평가, 소유의 종말, 수소경제 저자.

오죽하면 인류가 사라져야 지구가 산다고 하는가? 자연을 보듬어 의인화(擬人化)시키고 인간에 의해 은둔과 멸종사이를 오가는 이 땅의 생명체들과 같이 살아갈 궁리를 해야 한다. 산길을 자주 걸으면 영혼이 맑아진다. 우리들의 생각을 바꿔 망가지고 상처받은 자연을 회복시키는데 도움이 된다면 바랄 것이 없겠다.

등산의 즐거움은 산의 정기에서 비롯된다. 그 즐거움에 머물지 않고 심신의 치유와 본성까지 정화시킨다. 그래서 '산은 약과 같아 몸을 가볍게 한다(名山如藥可輕身)'[3]고 했다. 한국유산기 『그리운 산 나그네길』, 『흘러온 산 숨쉬는 산』에 이어 세 번째 『바람의 산 구름의 산』을 펴낸 이유다.

코로나19 확산으로 업무에 매인 까닭에 수록된 대부분은 2019년 이전에 만났던 산들이다. 체력과 용기만 앞세워 밋밋할 수 있으므로 각 단원 앞에 전채(前菜)요리[4]처럼 감성을 곁들여 읽는 맛을 돋우려 했다.

부족하지만 나무·풀·벌레·새·바람·구름·하늘 등 모든 이들과 함께 했던 시간을 풍경으로 그리려 애썼다. 산을 오르며 삶의 기쁨을 느끼고 우리 숲과 자연을 더 맑게 할 수 있으면 좋겠다. 바쁜데도 추천의 글을 얹어주신 최병암 산림청장님, 문학평론가 휴먼앤북스 하응백 박사님, 손을 내밀어준 모든 분들께 인사드린다.

2021년 11월

바다가 보이는 산에서 김재준(재민)

3 「學山堂印譜」 명나라 전각가들이 새긴 인장 책(돌 위에 새긴 생각).

4 오르되브르(Hors d'oeuvr), 애피타이저(appetizer).

송무백열(松茂栢悅) 화악산

개다래 / 산아일체(山我一體) / 큰세잎쥐손이풀 / 이질 / 생열귀나무 / 동자꽃 / 경기오악 / 화악(華岳) / 송무백열(松茂栢悅) 잣나무

계곡으로 들어서자 그늘이 깊게 깔렸다. 쓰러진 고목에 이끼로 치장한 비밀의 숲속나라, 시공(時空)이 바뀐 듯 원시림으로 들어온 것 같이 공기도 기이하다. 물소리는 온 산천을 적시며 떠들어대는데 한껏 물오른 노란 달맞이꽃, 분홍색 칡덩굴꽃도 신났다. 주위에 꿈틀거리는 소리가 들린다. 자연이 살아나는 것처럼 숨소리가 섞여 나무들 사이에서 새어 나오고 있었다.

여름 휴가철 8월 3일 토요일 폭염은 대단하다. 춘천에 도착하니 오후 6시 50분 여름날이라 해는 아직 있지만 오늘 저녁 묵을 방을 찾는다. 마침 새마을금고 근처 효자동 게스트하우스에 용케 빈방 하나 있어 돌아다닐 수고는 덜었다. 외국인, 젊은이들 많이 찾는 집이라 깨끗하고 2층 휴게실에 간편하게 구운 빵(toast)이나 커피를 그냥 내주는 곳이다. 방값도 싸다. 2인실 3만6천원. 명동거리에서 닭갈비, 막국수, 한 잔으로 먼 길의 피곤함을 잊는다. 숙소로 걸어오다 등산가게 들러 휴대용 가스난로(gas stove)를 샀다.

물놀이 사고를 당한 직원 걱정에 잠을 설쳤지만 아침 7시 가평으로 달린다. 몇 해 전 강경교 아래서 튜브(Tube) 타던 여름날은 참 빨리도 흘러갔다. 1시간 반을 달려 관청리 등산길 찾아 반야사 입구에 차를 대니 강렬한 햇볕. 계곡 물

계곡너머 화악산

숲속의 산길

소리 요란한데 벌써 오전 9시 이정표가 인색하다. 다리 난간 지나 중봉5.2킬로미터 팻말을 봤다. 계곡에서 내려오는 물을 건너 상수도보호구역 옆길로 올라간다. 주차장 못 찾아 애를 먹었다고 하소연하는 어떤 부부를 만나 외진 산길에 동질감을 느끼며 인사한다.

"반갑습니다."

"조심해서 갑시다."

"……"

계곡으로 들어서자 그늘이 깊게 깔렸다. 쓰러진 고목에 이끼로 치장한 비밀의 숲속나라, 시공(時空)이 바뀐 듯 원시림으로 들어온 것 같이 공기도 기이하다. 물소리는 온 산천을 적시며 떠들어대는데 한껏 물오른 노란 달맞이꽃, 분홍색 칡덩굴 꽃도 신났다. 주위에 꿈틀거리는 소리가 들린다. 자연이 살아나는 것처럼 숨소리가 섞여 나무들 사이에서 새어 나오고 있었다.

광대싸리·생강·물푸레·산뽕·쪽동백·국수·두릅·좀깨잎·붉·소나무……. 병꽃나무 꽃은 지고 꽃싸리·사위질빵·다래덩굴·짚신나물·양지꽃·피나물·파리풀·노루오줌, 저마다 형형색색(形形色色)[1], 대개 분홍·노랑·흰빛이다.

1 모양이나 종류가 다른 각각의 색깔.

가마소

여기저기 개다래는 하얀 라커(lacca)칠[2]을 한 듯 울긋불긋. 가마솥 같이 둥근 폭포 가마소에 9시 15분(정상4·관청리1킬로미터), 계곡물 돌 사이로 단풍취, 고로쇠·생강·개옻·당단풍·작살나무…….바위마다 콸콸콸 물이 넘쳐흘러 산천이 진동한다. 몇 걸음 옮겨 계곡물 마시려다 돌에 미끄러져 물에 빠졌다. 휘청거리며 배낭 중심을 잃고만 것. 옷이고 신발이고 배낭, 수첩, 휴대전화기, 손수건, 장갑 모두 다 젖었다. 그것도 모르고 뒤에 올라오던 어떤 일행은 벌써 하산 길이냐고 웃는다. 내려오는 길에 씻은 줄 알았던 모양. 대퇴부(大腿部)[3] 한참 욱신거리는데 분홍색 칡꽃이 가득 떨어졌다. 곧장 20분 걸어오르니 이정표(중봉3,8·애기봉2·관청리1.2킬로미터)가 나타난다.

개다래는 깊은 산속이나 계곡에 자란다. 이상한 모양으로 달린 벌레집 충영(蟲廮)을 목천료(木天蓼)라 하는데 신장에 직방[4]. 통풍에 열매나 충영을 쓰면 요

2 백화(白化)현상.
3 넓적다리(무릎 위부터 골반 아래).
4 直放(放), 곧바로 효과가 나타남을 이름(敬以直內義以外方).

오르막 산길

산수치를 낮춰준다고 알려졌다. 곤충을 부르기 위해 스스로 흰빛을 낸다. 열매가 맺히면 원래 색으로 돌아가는데 바이러스에 원인을 찾는다.

개다래의 유혹을 뒤로 하고 짚신나물·사초·관중이 자라는 빽빽한 숲, 물이 철철 넘치는 바윗돌 몇 번씩 건너니 등산화엔 물소리 철벅철벅. 난티·고광·박쥐·고추나무 지나 이정표(중봉3.3·애기봉3.3·관청리2킬로미터), 부천에서 온 앞서 가던 부부는 계곡에서 땀을 씻는다.

"……"

"시원하시겠습니다."

"……"

"먼저 올라가세요."

10시, 이제부턴 계곡이 멀어지고 가파른 산길인 듯 물소리도 멀다. 높은 산, 깊은 계곡, 정상까지 2.6킬로미터 거리인데 발아래 짚신나물이 많다. 멧돼지 금방 뒤지다간 흔적이 뚜렷하고 두 사람 다니긴 마냥 즐겁지 않은 산이다. 머리에 거미줄을 뒤집어써서 다래 순으로 걷으려니 줄기는 뚝뚝 잘 부러진다. 물푸레·

가래·광대싸리·싸리·고추·고광나무, 멸가치·질경이·연분홍동자꽃·터리풀….

10시 25분 가파른 산길에 고추나무군락, 상층목은 신갈·산뽕·당단풍·물박달나무, 까치수염, 요란스럽던 물소리도 이제 들리지 않는다. 세 쌍의 일행들과 앞서거니 뒤서거니 올라가는데 나는 물에 빠져 옷이 다 젖었고 말랐다 싶으면 땀에 다시 젖었다. 15분 더 올라 이정표(중봉2.3·관청리3킬로미터)에서 잠깐 숨을 돌리며 자두, 복숭아 한 개씩 먹어뒀다. 땀을 너무 많이 쏟아 지칠까 염려됐다.

"산 참 잘 타시네요."

"……"

어느덧 11시. 앞선 일행이다.

"두 분이 더 나은데요."

"……"

"산에 오른다 하지 않고 왜 "산을 탄다."라고 할까?"

"산을 따라 가는 거?"

"글쎄."

"타다"의 사전적 의미는 "탈것이나 짐승의 등 따위에 몸을 얹다"는 뜻. 줄이나 산·나무·바위를 밟고 오르거나 따라 지나가는 것이다.

산에 갈 땐 몸을 온전히 맡기고 산의 품에 안겨야 한다. 산아일체(山我一體), 마음까지 맡겨야 비로소 산을 따르는 기본이 된 것. 온 몸을 던져 하나 되어야 한다는 거다. 산에 다녀와도 심신이 개운치 못한 건 마음을 덜 내려 산에 푹 안기지 못했거나 순응(順應)[5]하지 않았다는 것이다. 겸손한 사람이 쉽게 산과 일

5 생물이 지속적인 환경변화에 대처하여 생리적 기능 등을 변화시키고 생활을 유지하려고 하는 과정(adaptation). 넓은 뜻으로 적응.

체가 될 수 있다. 정신이 피곤하고 육신이 지쳤을 때, 외롭고 쓸쓸할 때, 생각이 복잡하거나 메말랐을 때 산을 찾으면 용케도 정기를 불어넣어준다. 그러기에 산을 바르게 오르면 어려운 일도 저절로 이루어지므로 만산형통(萬山亨通) 아닌가? 외경(畏敬)의 산, 어머니 같은 산, 친구 같은 산, 고향 같은 산……. 마음먹기 나름이며 생각 따라 다양한 모습으로 다가온다.

발밑에 단풍취는 꽃이 지고 대궁만 남았다. 이 산은 계곡으로 짚신나물, 올라갈수록 고추나무가 무리지어 자란다. 고로쇠·까치박달나무, 확실히 깊은 산중이어선지 오래된 산작약 몇을 만난다. 인간들에게 들키면 목숨은 남아나지 않을 것. 일부러 덤불로 가려놓고 간다. 능선 지표식물 노린재나무에 닿은 11시. 드디어 능선이다. 신갈·당단풍·꽃싸리·미역줄·진달래·산목련·팥배나무, 원추리꽃·족도리풀·동자꽃·사초·며느리밥풀꽃·중나리꽃…….

큰 구멍이 생긴 오래된 신갈나무 고목은 팔 벌리면 두 아름 족히 되겠다. 산길에 향긋한 냄새, 무슨 냄새일까? 온갖 산나물과 풀잎 냄새, 하늘과 맞닿은 향기로운 산의 얼굴. 둥굴레·애기나리·며느리밥풀·사초·모시대·단풍취·산쥐손이풀, 이들이 뿜어내는 향기다. 피나무, 잣나무 아래 어린나무 가득, 씨앗이 저절로 떨어져 생긴 천연갱신(天然更新)지대다. 산앵도 능선 길 왼쪽으로 물박달나무 북쪽을 보며 외롭게 섰다.

뒤 따라오듯 군데군데 분홍색으로 많이 핀 큰세잎쥐손이풀은 이북지역 높은 산에 드물게 자라는 여러해살이, 7~8월에 꽃 핀다. 이질풀과 비슷하지만 남한에 드물게 자라며 잎이 잘고 길게 갈라진다. 작은 손바닥 같은 잎이 다섯 개 갈라져 쥐손이풀 식구다. 이질풀처럼 설사약으로 썼다. 설사 이(痢), 병 질(疾), 이질은 설사병이다. 6~70년대 비위생적 불결한 화장실·식수·부엌 환경, 인분(人糞)으로 키운 채소 등으로 장티푸스와 근대적 질병이었다. 세균성 급성 감염성

큰세잎쥐손이풀

마가목 위로 정상

질환으로 배 아프고 설사를 한다. 잎을 말려 달이거나 술에 담가 먹는다.

11시 30분 능선길, 박쥐나물·노란 피나물 꽃·꿩의다리 흰꽃, 썩은 냄새나는 버섯, 박새……. 후다닥 멧돼지 세 마리 지나갔다. 15분 더 올라서 이정표(적목리,가림4.9·중봉0.5·삼팔교6·석룡산3.6킬로미터), 능선 바위사이로 마가목·구상나무 군데군데 자라는데 그 너머 철탑의 위용.

동자꽃

산중에 웬 해당화냐고 착각 할 수 있지만 생열귀나무다. 중부 이북에 자라는데 붉은인가목이라고도 한다. 5월에 장미꽃처럼 피고 6~7월 익는 붉은 열매는 한방에서 자매과((刺莓果)라 해서 생리불순·임질에 썼다. 해당화는 바닷가에 주로살고 꽃피고 열매 맺는 시기도 1~2개월 정도 늦다. 가시는 해당화가 더 길고 많다. "범의 찔레"로 부르면 얼마나 토속적인 이름인가? 생열귀는 산에서 자라는 아가위나무[6] 산아가위·열귀나무의 함경도 방언, 또는 아가위나무를 당화(棠[7]花). 명자·아가씨나무로 불리는 산당화(山棠花)와는 다르다. 아가위는 아가외[8]에서 비롯된 것.

호리병같이 생긴 보랏빛 병조희풀, 주홍색 다섯 꽃잎 동자꽃·나리꽃이 한창이고 쥐손이풀도 군락을 이뤘다.

"동자꽃이 많네."

"……."

"스님이 깊은 산 암자에서 겨울을 나기 위해 마을로 내려갔다가 폭설로 돌아오지 못하자 추위와 배고픔에 떨다 동자가 죽은 곳에서 핀 꽃이다."

"죽은 동자가 왜 이리 많아."

"설악산 오세암 전설과 비슷해."

"……"

모시대·박새·관중, 중대가리풀 닮은 개버무리, 백당나무, 벌은 꽃향유 보라색 꽃에 앉아 세상모르고 꿀을 빨고 있다.

정오에 화악산(華岳山, 花嶽山) 중봉 1,446미터 경기 제일봉, 가평 북면 끝자락이다. 강원 화천 경계로 운악·관악·감악·송악산을 더해 경기5악. 여기서 1킬로미터 남짓한 정상은 군사지역으로 더 갈수 없어 중봉이 정상을 대신한다. 표석에 "한반도의 중심"이라 새겨 놓았다. 38선이 지나가는 중심, 아니 국토의 중심에 있대서 중봉이 아니

화악산 표석

6 산사(山楂)나무나 해당화, 산에 사는 풀명자나무(사楂)
7 팥배나무처럼 붉은 열매를 맺는 나무의 통칭으로 추정한다.
8 아가외(열매가 아기처럼 작다는 뜻)=아가+외(참외)

던가? 풍수(風水)들은 태극의 가운데로 보았다.

예나 지금이나 전략적으로 중요한 산인만큼 국태민안(國泰民安)을 위해 조정에서 제사 지내던 산이었다. 김시습 등 묵객이 거쳐 간 곳으로 우뚝한 바위가 하늘로 솟은 것이 마치 꽃핀 것과 같아서 화악(華岳), 화악산이라 했을 것이다. 안개에 쌓여 조망은 흐릿한데 청시닥나무, 연노랑 꽃을 피운 미역줄나무는 전성기를 맞았다.

흐릿한 동쪽을 바라보는데 시계방향으로 촛대봉, 춘천·소양호는 보이지 않지만 멀리 오봉산, 수덕산, 삼악산일 것이다. 뒤로 명지산, 국망봉, 백운산……. 여기 서 있으니 능선경관이 뛰어나고 사방으로 막힘없이 바라보인다. 수많은 산들을 거느리고 있으니 장엄하면서도 넉넉한 어머니 산이다. 우리가 올라온 남서 골짜기는 관청리쪽 큰골계곡. 남동 오림골, 북으로 조무락[9]골. 계곡마다

9 새들이 재잘거린다는 뜻을 가진 사투리로 여겨진다.

크고 작은 폭포가 있어 때가 덜 묻은 산이다. 몇 해 전 춘천 집다리골 자연휴양림에서 하룻밤 보내며 험상궂던 산, 오늘에야 정체를 알게 된 것이다. 이정표(화악리 건들내5.9·관청리5.5·애기봉3.6킬로미터) 두고 내려가는 길 따라간다.

12시 15분 쉬땅나무 이파리 커서 고개 숙이고 바라보는데 뒤에 오던 부부가 뭐라고 한다.

"손수건 떨어뜨렸죠?"

"……"

아차, 허리춤에 걸렸던 손수건이 없다.

"감사합니다."

"인연이네요. 산에서 몇 번씩 만나니……"

"……"

달걀버섯

몇 발자국 지나서 갈림길(애기봉3.4·적목리가림5.5·정상0.2·관청리5킬로미터), 애기봉으로 진행하다 점심으로 김밥을 먹고 잠시 쉬어가기로 했다. 옷은 땀에 젖었는데 해까지 사라져 으스스 춥다. 양말을 벗으니 발이 퉁퉁 불었다. 이산은 숲이 우거져 마치 밀림의 세계, 멀리 시원하게 바라볼 수 없어서 아쉽다. 산당귀·어수리 하얀 꽃, 산조팝나무 꽃은 다 졌다. 오후 1시경 내리막길엔 신갈·당단풍나무가 우점종이다.

노란젖버섯류

산조팝·철쭉·산목련·고광·노린재·미역줄·다릅·고로쇠·물박달·층층·신갈나무, 단풍취·며느리밥풀·산당귀,참취나물 검은 숲에 흰 꽃이 선명하게 눈에 띈다. 갈림길(관청리3.6·중봉1.6킬로미터), 바로가면 애기봉, 하산길 왼쪽으로 내려간다. 잠시 앉았다가 물 한 모금 마시고 가는 길 오후 1시 15분. 며칠 전 쏟아진 여름비에 버섯들이 우후죽순(雨後竹筍)[10]처럼 피었지만 고기 썩는 냄새가 진동한다. 부패된 버섯냄새다. 네로 황제에게 진상하면 똑같은 무게의 황금을 내렸다는 달걀버섯, 바로 옆에 무당버섯 같지만 노란젖버섯류.

군데군데 잣나무, 난티·딱총·다릅·피나무를 지나자 경사가 급해 힘든 내리막길 내려가느라 애를 먹는다. 다릅·산목련나무 오래된 어르신들, 키 큰 피나무는 하늘로 죽죽 뻗어 수형목(秀形木)이다. 바위와 돌이 굴러내려와 쌓인 석력지(石礫地). 이쪽으로 내려오면서 보니 화악산은 바위산(骨山)이 아니라 흙산(肉山)이다. 오후 1시 45분 오른쪽으로 굽어지는 지루한 내리막길로 간다. 경사가 급해 앞으로 체중이 쏠리다보니 엄지발가락이 아프다. 오래도록 고개를 숙이고 발만 바라보며 내려왔으니 아플 만하다. 이 구간은 피로에 지친 사람들도 산도 어설퍼서 참 많이 미끄러지고 엎어졌다.

오후 2시 계곡물소리 시원하게 들리는 곳에 잣나무 자생지다. 물 빠짐이 좋은 사양토, 양토의 적절한 분포, 토심이 깊고 일교차가 크며 가을철 강수량이 다른 지역에 비해 적다는 것 등 적합한 토질과 환경으로 가평 잣은 깊은 향과 맛을 내는 것으로 이름났다. 일제강점기[11]부터 축령산 일대에 많이 심어서 "축령백림"이라 부른다. 잣은 불포화 지방산이 많아 피부를 매끄럽게 하고 감기·설사·이질·변비, 혈압을 내리는데 효과가 있다고 한다.

송무백열(松茂栢悅)[12], 잣나무의 품성이나 성격도 그렇다. 햇빛이 적게 드는 것을 좋아하는 음수(陰樹)인데 소나무가 무성하여 햇빛을 가려주면 살아가기

10 비온 뒤에 여기저기 솟아 오른 대나무 새순.

11 1924년경으로 추정한다.

12 소나무가 무성한 것을 보고 잣(측백)나무가 기뻐한다는 뜻. 중국 서진(西晋) 육기(陸機,260~303)의 탄서부(歎逝賦, 信松茂而柏悅, 嗟芝焚而蕙歎)

훨씬 편하다. 잣나무는 언제나 불평하지 않는다고 해서 나무의 의미도 "만족"이다. 영하 수십도 혹독한 추위에서도 잘 자라는 강인한 상록수다. 재질(材質)이 좋아 "노아의 방주(方舟)"[13]가 잣나무로 만들어졌다고 하지만 한국·일본·중국북동부·우수리 지역에만 자라므로 다른 나무일거라 여긴다.

잎에 은빛이 돌고[14] 추위에 줄기가 붉어 홍송(紅松), 백자목(柏子木), 해발표고 1천미터 이상의 높은 산에 잘 산다. 이파리가 다섯 개 뭉쳐나 오엽송(五葉松), 소나무는 두 개다. 씨앗에 날개가 있는 소나무에 비해 도토리처럼 잣을 먹는 까치나 다람쥐 등이 씨앗을 퍼트려준다. 까치 작(鵲), 까치가 좋아하는 나무라 작나무, 잣나무가 됐다. 소나무과(科), 고유한 우리나라의 나무(학명 *Pinus koraiensis* Siebold & Zucc.)다.

잣나무 숲

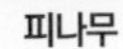
피나무

화악산 계곡

13 네모진 잣나무 배(Noah's ark),타락한 인간을 홍수로 심판하려 할 때 모든 생물이 전멸하지만, 바르게 살던 노아는 하느님 계시로 3층 방주(ark 요새·성곽·견고한 최후거점)를 만들어 가족, 여러 동물을 데리고 살아남았다(창세기).

14 기공조선(氣孔條線)

오염되지 않은 물

조금 더 내려오니 피나무 고목은 어느 지역보다 생육상태도 좋고 하늘로 곧추서서 일직선이다. 피나무를 염주나무라 해서 절집에선 염주를 만들어 썼다. 10분쯤 내려서니 굴참·신갈·잣나무 군락지, 잣나무 두 팔로 감싸보니 한 아름 넘는다.

"여기 나무들은 밤낮 물소리, 바람소리 들으며 자란다."
"소리도 좋지만 시끄러워 어떻게 살아?"
"……"
"그들에겐 자장가."

밀림 속의 덩굴과 거미줄을 헤치고 내려오니 드디어 계곡(관청리2·중봉3·애기봉3.3킬로미터).

오후 2시 반, 요란한 물소리에 풍덩 소리도 묻혀버렸다. 계곡에서 한여름 낮

맞은편 명지산

의 피서, 이런 호사(豪奢)[15]가 어디 있던가? 바위를 밟다 이끼에 미끄러져 하마터면 다칠 뻔 했다. 물이 넘쳐흐르는 계곡을 나오면서 건너편 바라보니 길게 뻗은 맞은편 산, 명지산이다. 오후 3시 10분 관청리 반야사 입구로 되돌아왔다. 햇볕이 강렬해서 차 문을 열어젖히니 뜨거운 열기가 숨을 턱턱 막히게 한다. 가평으로 30분쯤 달려 500명 넘게 전사한 한국전쟁 캐나다 전투기념비에 들렀다 오후 4시경 여름 해 늘어졌는데 잠잘 데 신통찮아 다시 춘천 팔호 광장으로 달려간다.

15 호화로운 사치.

탐방길

정상까지 5.2킬로미터·3시간 20분, 전체 6시간 30분 정도

관청리 주차장 → (35분)가마소 → (45분)계곡 끝지점 → (60분)능선길 → (60분)화악산 중봉 → (20분)적목리·애기봉갈림길 → (100분)잣나무자생지 → (20분)계곡 → (50분)관청리 원점 회귀

※ 더운 날 땀을 닦으며 보통 걸음으로 걸은 산길(기상·인원·현지여건 등에 따라 다름)

불국에서 온 천축산

화전(火田) / 1968년 울진삼척무장공비사건 / 박달나무 / 왕피천 / 왕피리 / 삽주 / 노랑무늬붓꽃 / 36번 도로 / 소나무 송진 / 우산·삿갓나물 / 천축산 / 불영사

수백 년 묵은 소나무들마다 세월의 연륜을 느낄 수 있다. 소나무껍데기는 거북등 같이, 어떤 것은 바람무늬로 생긴 듯 여러 가지다. 아래는 둥굴레, 피나물, 삽주, 알록제비꽃……. 등산리본을 찾아 걷는데 나뭇가지는 배낭을 붙잡고 늘어진다. 모자에, 얼굴에 거미줄이 자꾸 걸리고 수첩에 기록하며 손수건으로 땀을 닦으니 참 바쁘다.

아침 8시 울진 근남 수곡리에서 불영계곡을 거슬러 올라간다. "왕피천계곡 에코투어 사업단" 사무실까지 승용차로 20분 남짓 걸렸다. 사무국장께서 반갑게 차 한 잔 권한다. 토요일도 일 하냐고 물으니 산을 걷는 것이 좋아 괜찮다고 한다. 탐방 길 찾기 어렵다며 한사코 차를 태워준대서 박달교 지나 산 입구에 내렸다. 계곡 끝나는 곳까지 안내한다는데 더 이상 우길 수도 없는 노릇이다.

"박달나무가 많아서 박달교입니까?"
"……"
"아니면 물이 맑아 밝다는 의미인지 산이 크다는 것인지……."
밝음, 새벽, 빛을 뜻하는 밝달, 박달(朴達)이 아니던가?

화전민 이주[1]

화전민 터

탐방구간을 새로 만들기 위해 준비 중이라는데 일정한 거리마다 빨간 리본을 매달아 두었다. 산길 입구부터 물이 흘러나와 돌, 바위, 나무들이 작은 계곡을 만들었다. 9시 25분, 개울을 건너고 생강·당단풍·신갈·병꽃나무, 광대싸리는 졸졸졸 물소리를 들으며 자란다.

키 큰 노린재나무 하얀 꽃잎을 달고 5월의 시작을 알리고 있다. 무궁화 잎을 닮은 고광나무도 흰 꽃을 피웠는데 참회나무는 겨우 봉우리 맺었다. 신갈나무 그늘을 만들어줘 산행하기 좋은 날. 이 산속의 농업용 시멘트 수로에는 물이 넘쳐흐르고 소나무, 철쭉, 산수국 아래 사초, 취나물이 밟힐까봐 조심해 지나간다.

10분 더 올라 바위에서 흘러나오는 계곡물 두 손으로 받아 마시니 한결 시원하다. 돌인 줄 알고 헛디뎌 그만 낙엽더미 뜬 물에 오른쪽 신발 다 젖었는데 옻나무 아니냐고 자꾸 묻는다.

"……"

"붉나무다"

옻나무 새순은 연록이고 붉나무는 빨갛게 드러난다. 산속으로 더 들어가니 산수국, 병꽃나무 군락지. 수곡리 친구는 층층나무를 층층목이라 부른다. 계곡 군데군데 날개처럼 가지를 힘차게 펼치고 섰다.

---

1 사진, 산림청 50년사(2017. 산림청)

"낙엽송이 많은 것을 보니 이 근처는 화전민 터였을 겁니다."

앞서가던 사무국장님이 고개를 끄덕인다.

"……"

화전(火田)은 숲에 불을 놓아 만든 밭으로 몇 년 동안 작물을 재배한 뒤 땅 심이 약해지면 다른 곳으로 옮겨 같은 방법으로 보리, 밀, 콩, 옥수수, 감자, 조, 메밀 등을 심어 먹었다. 화전민들이 본격적으로 늘어난 것은 일제 강점기 식민지 토지조사사업과 쌀 수탈로 굶주리게 되자 산으로 올라가 화전민이 되었다. 입에 풀 칠 하며 생활이 불안정했지만 가족과 함께 외부의 간섭을 피할 수 있었다. 전국에 약 20만 세대가 평균0.28헥타르(1,140평)가량 밭으로 일궈 한 가족이 먹고 살았다. 전체 화전면적이 7천5백 헥타르 정도였다[2].

10시, 물 흐르는 돌에 네 사람이 앉아 한 잔씩 기울이는데 박달나무와 서어나무, 싸리나무도 옆에 섰다.

"싸리나무는 화력이 좋고 연기도 잘 보이지 않아요."

"……"

과거 울진에 침투한 무장공비들이 산에서 밥을 해먹을 때 싸리나무를 많이 썼다고 일러준다.

"1968년 울진·삼척 무장공비 침투사건 직후부터 화전민은 본격적으로 자취를 감췄잖아요."

"……."

무장공비들이 화전민으로부터 식량과 정보를 받거나 은신처가 될 것을 우려해 이 무렵 대대적으로 화전민들을 산에서 내려오도록 1970년 초까지 이주정책을 펼치게 된다. 밭으로 일궜던 그 자리에 빨리 자라는 낙엽송(일본잎갈나무)을 많이 심었다.

2 대한민국산 세계는 기적이라 부른다(2007.한국임업신문사).

공비가 저지른 살해현장, 평창[3]

무장공비 수색[4]

1968년 1월 21일 북한은 김신조 일당의 청와대 침투가 실패로 끝나자 월남전(越南戰) 베트콩[5]처럼 게릴라 거점을 확보하기 위해 울진·삼척에 무장(武裝)공비(共匪)[6]를 침투시킨다. 1968년 10월 30일, 11월 1일, 11월 2일 3일간 밤을 틈타 공비 120명이 울진 북면 고포해안에 상륙, 울진·삼척·봉화·강릉·정선 등지로 침투한다. 총칼로 협박하여 사람들을 모아놓고 인민유격대 가입을 강요한다. 울진 북면 고숫골에서는 11월 3일 새벽 5시 30분경 공비 7명이 나타나 당시 이 마을에 와있던 삼척 장성읍 주민을 대검으로 찔러죽이는가 하면 경찰에 신고하지 못하도록 위협했다. 삼척 하장에서는 80세 노인, 52세 며느리, 15세 손자 등 일가 세 사람을 잔인하게 죽였으며[7], 열 살이던 평창 이승복 어린이가 처참하게 죽은 것도 이 때였다. 주민들 신고로 군인과 향토예비군이 출동, 연말까지 소탕전을 벌였다. 공비 대다수를 사살했지만 민간인 피해와 전사자도 수십 명에 달했다. 이른바 울진·삼척지구무장공비 침투사건이다.

개울을 지나면 안내자 없이 우리끼리 산길을 올라가야 한다. 길이 분명치 않아 신경 쓰이는데 빨간 리본만 보며 가라고 이른다.

“이 산에 올라서 임도길이 나오면 불영사 방향 능선 따라 남쪽으로 내려가 제일 높은 곳이 천축산 정상”이라고 한다.

---

3 사진, 북괴도발30년사(한국기자단, 1978)
4 사진, 북괴도발30년사(한국기자단, 1978)
5 베트콩(Viet Cong) : 베트남 공산주의자
6 공산당 유격대
7 북괴도발30년사(한국기자단, 1978), 울진군지(상, 351쪽)

"이곳은 국유지인데 탐방길 조성협의는 끝냈으니 본격적으로 추진하면 돼요."

"숲을 해치지 말고 최소한으로 만들면 좋겠습니다."

"……"

땀을 닦으면서 방국장님은 말을 잇는다.

"근남 구산리 굴구지에 연구용역사업을 했는데 동네 이장이 나무이름을 '막소나무'라고 했어."

"막소나무?"

"……"

"과거 일본군 막사가 있던 앞쪽을 가린 소나무를 그렇게 불렀나 봐. 이장님 말만 듣고 막소나무라 한 거지."

"나중에 따져서 바로 잡았어."

"사실은 땅이 좀 썰렁한 곳에 나무를 심었다는군."

"기(氣)가 허(虛)한 곳 말이지요?"

"……"

"풍수적으로 부족한 곳을 보태려 비보림(裨補林)을 만들었군요."

"그렇대."

"……"

"그냥 뒀더라면 그릇된 이야깃거리를 만들었겠지요."

"……"

10시 10분께 서로 헤어졌다.

"신세 많이 졌습니다."

"내려와서 연락해요."

"감사합니다."

지금부터 일행은 경사 급한 산을 오르면서 빨간 리본을 찾아 걷는다. 몇 미터 간격으로 탐방길 만들려고 표시를 해 뒀는데 나무계단을 만들지 말고 있는 그

호랑버들

이정표

대로 다닐 수 있게 했으면 좋겠다. 조금 오르니 쇠물푸레, 신갈나무와 소나무림이다. 쪽동백나무 지나 박달나무 큰 것도 두 그루 높이 섰다. 숲속을 헤치고 오르는데 거미줄에 매달린 벌레들이 모자와 옷에도 자주 붙는다. 10시 반쯤 돼서 임도를 만나는데 아스팔트길이다. 이정표에는 서면에서 왕피리까지 이어지는 도로다. 길옆으로 층층나무, 고광나무, 병꽃나무 꽃들이 활짝 폈고 햇살이 따갑다. 호랑버들도 꽃을 피웠다.

소나무 숲길

"……"

"맞다."

"뭐가?"

"박달나무가 많아서 박달재였어."

길옆으로 박달나무가 줄 섰는데 물박달나무도 드문드문 옆에 있다. 박달나무는 전라도 일부를 빼곤 전국에 자란다. 우리나라는 박달나무를 신성시하여 신단수(神檀樹), 건국 신화에도 단군왕검이 박달나무 아래서 나라를 세웠다고 했다. 잎은 어긋나고 긴 달걀 모양의 가장자리에 잔 톱니가 있다. 물에 가라앉을 정도로 무겁고 단단하여

눈길 끄는 이정표

홍두깨, 방망이, 곤봉, 수레바퀴 만드는데 썼다. 나무껍질은 붉은 금빛을 띠고 묵을수록 회색으로 갈라진다. 새순은 위장병에 달여서 마시기도 한다.

조팝나무는 흰 꽃을 피워 드문드문, 붉은 꽃 병꽃나무가 온 산길에 가득하다. 이곳에선 흰색이 없고 모두 붉은색이다. 10시 50분, 박달재 공원관리초소에 닿는다(수곡삼거리15.3·왕피삼거리6.5킬로미터). 방국장께서 연락해뒀는지 차 한 잔 내어주는데 미안하기 그지없다. 이 일대는 왕피천 생태경관 보전지역으로 국내 최대면적이란다. 산양, 삵, 담비를 비롯해서 산작약, 노랑무늬붓꽃이 자라는 지역으로 2005년 지정됐다. 102킬로 평방미터[8]쯤 된다.

왕피천은 통고산 부근에서 발원하여 근남지역을 가로지르는 대략 5~60킬로미터 길이다. 하류는 울진읍에서 흘러드는 광천과 매화천이 합류되어 동해로 흐른다. 수산천(守山川)·대천(大川)이라 하였으나 조선시대 이후 왕피천으로 불렸다. 마의태자가 피신 와 어머니가 이곳에서 죽자 금강산으로 갔다는 것과 홍건적을 피해 공민왕이 피신하였다고, 삼한시대 삼척에 있던 실직국(悉直國) 왕이 피난 왔다고 해서 왕피리(王避里)가 되었다는 여러 이야기가 있다.

"왕피리……"
"다음 올 때는 대금(大笒)을 가져와 불어야겠어."
"……"

관리초소에서 박달나무가 많아 박달재라고 했으니 확인된 셈이다. 길가에 베어놓은 물푸레나무 몇 개 가져가려고 교육용 회초리로 써도 되냐고 물으니 회초리시대는 지났다며 웃는다.

11시, 천축산을 향해 출발이다. 저 멀리 산들은 이국의 풍경으로 겹겹이 서 있는데 지금부터 흙으로 된 임도길이다. 길을 만든다고 비탈면을 깎아내렸는

8 1㎢=100ha

데 소나무 뿌리는 드러나 있고 흙들도 많이 쓸려가 복구가 필요한 곳이다. 11시 15분, 참나무 겨우살이를 만나는데 오른쪽으로 갈림길(골안교0.8·탐방안내소 3.5킬로미터). 머뭇거리다 공원관리차량이 다가오는데 탐방안내소 쪽으로 가라고 해서 우리는 골안교 방향을 두고 왼쪽으로 걷는다. 여기서 천축산 까지 6킬로미터로 2시간 정도 걸릴 것이다. 임도길 내려다보면서 방국장님 말을 새기며 걷는데 능선의 나무계단 길 갔다가 다시 내려와 걷는다.

11시 30분, 미녀들이 각선미를 뽐내며 숲속에 모두 누워 있다. 하늘보고 늘씬하게 다리를 뻗었으니 미인세상이다.

"소나무 참 잘 생겼다."

"땅바닥에 잔잔한 것이 뭐야?"

"쇠물푸레."

수백 년 묵은 소나무들마다 세월의 연륜을 느낄 수 있다. 소나무껍데기는 거북등 같이, 어떤 것은 바람무늬로 생긴 듯 여러 가지다. 아래는 둥굴레, 피나물, 삽주, 알록제비꽃……. 등산리본을 찾아 걷는데 나뭇가지는 배낭을 붙잡고 늘어진다. 모자에, 얼굴에 거미줄이 자꾸 걸리고 수첩에 기록하며 손수건으로 땀을 닦으니 참 바쁘다. 20분 더 지나서 전망 좋은 곳. 아름드리 소나무 옆으로 바람이 얼마나 불었으면 패널로 지은 감시초소가 옆으로 날아갔다.

정오 무렵부터 밀림지대인데 위층은 소나무, 아래층은 쇠물푸레나무가 자란다. 산길을 표시한 리본을 찾아가면서 산벚·피나무를 지나 한참 만에 점심을 먹기로 했다. 밥·열무김치·옻순 장아찌로 감식을 했다. 12시 40분에 다시 걸어 전주이씨 무덤을 지나 고사리, 삽주, 활짝 핀 철쭉꽃을 보며 오후 1시 왼쪽으로 하산길인데, 우리는 천축산 정상을 찾아 계속 앞으로 간다. 이산의 숲에 깔린 솔잎 위로 삽주가 많다. 멧돼지가 온 산을 다 파헤쳐놨는데 뿌리를 파먹었을 것이다. 멧돼지가 뒤진 데는 원추리, 둥굴레가 잘 산다.

삽주

노랑무늬붓꽃

삽주는 건조한 산에 잘 자란다. 굵고 긴 마디의 뿌리줄기는 향내가 난다. 곧게 선 줄기에 어긋나게 달린 잎은 윤기 나고 뒷면은 흰빛, 가장자리 톱니와 잎자루가 있다. 여름에 흰 꽃이 핀다. 어린순은 나물로, 뿌리줄기를 창출(蒼朮)[9], 소화불량·위장병·감기·비만 등에 썼고 신선이 되는 약이라 했다.

1시 반, 노랑무늬붓꽃을 만난다. 귀티 나는 고운 야생화를 한참 바라보니 마음도 귀해지고 가라앉는다. 하얀 꽃은 마치 옥양목 소맷자락처럼 하늘거린다. 오대산, 대관령, 태백산, 강원·경북지역에 자라는 우리나라 특산 여러해살이식물로 그늘지고 비옥한 곳을 좋아한다. 젖혀진 꽃잎의 흰 바탕 안쪽에 노란 줄무늬가 있다. 꽃봉오리가 붓끝을 닮아서 붓꽃, 환경부 보호야생식물로 1974년 오대산에서 처음 발견됐는데 학명도 오대산(odaesanensis)이다.

아쉬운 노랑무늬붓꽃을 뒤로하고 북바위봉이다. 멀리 우리들이 걸어온 길이 아스라이 보이는데 전망 좋은 곳이다. 산 아래 절집 이름이 서쪽산 부처형상 바위가 절 앞의 연못에 비치므로 불영사라고 했는데 바로 이곳이리라. 날이 더워

9 원래 출(朮삽주)이라 했으나 껍질 벗긴 것을 백출이라 한다.

북바위봉

땀은 줄줄 흐르고 살랑거리는 바람에 땀 냄새도 많이 난다. 쇠물푸레나무 흰 꽃은 이른 시기인지 드문드문 폈다. 1시 40분경 내려가는 길인 줄 알고 잠시 왼쪽으로 갔다 다시 올라왔다. 산 아래 구불구불한 36번국도 사랑바위 근처에 비틀비틀 차들이 지나간다.

36번 도로 준공기념탑

1968년 울진삼척무장공비 소탕작전을 벌였는데 내

천축산 표지석

륙에서 동해안으로 바로 투입할 수 있는 도로가 없었다. 결국 토벌작전에 차질을 빚었고 희생자도 많았다. 1982년 대통령 지시로 보령·울진 36번국도 마지막 구간(울진·현동 54킬로미터)을 1984년 10월까지 2년 넘게 연인원 50만명 동원, 230억원을 들여 완공하였는데, 경부고속도로 공사비가 429억원이었던 것과 비교하면 대형공사였다. 협곡을 따라 워낙 험준한 지형이라 야전공병단을 투입, 젊은 군인들 10여명이 희생됐다. 예술성이 결여된 준공기념탑은 당시의 권위주의가 첨탑만큼이나 하늘로 치솟았음을 확실히 보여준다. 콘크리트로 만든 불영정(佛影亭) 근처 도로변에 있다.

내리막길로 들어서니 강정제(强精制)로 눈이 밝아진다는 석이버섯이 절벽에 다닥다닥 붙어있다. 오후 2시 10분에 드디어 천축산(天竺山 653미터) 정상이다. 불그스름한 돌무더기를 쌓아둔 곳에 페인트 글씨로 천축산이라 썼다. 세련되지 못한 표지가 오히려 때 묻지 않았음을 보여준다. 울진군 근남면 수곡리와 금

송진 채취 상처투성이

강송면 왕피·하원리의 경계지점이다. 금강송면은 이 지역에 금강소나무가 많아 2015년에 행정구역 서면(西面)이 바뀐 이름이다.

멀리 동해바다와 망양정 있는 곳은 흐릿하고 불영사는 산에 가려져 보이지 않는다. 굽은 도로는 하원리 쪽. 통신안테나 탑을 뒤로하고 산 아래로 내려간다. 10여분 내려서니 소나무들마다 송진을 빼낸 상처투성이 흔적들이다. 마치 이스터 섬의 모아이 석상들이 노려보는 듯 상처는 흉측하다. 멀쩡한 나무들은 없고 아직도 아물지 않아 진물이 난다.

1941년경 미국은 일본의 동남아시아 침공 군수물자로 전용되는 것을 막기 위해 석유수출을 금지시킨다. 부족한 연료 대체수단으로 일제는 우리나라 소나무 송진을 수탈해갔다. 송진을 정제한 송유(松油)라 불리는 테레빈유는 항공기 연료로, 로진은 화공용으로 썼다. 송진을 송지(松脂)라고도 하는데 에탄올 등에 녹여 수증기를 증류하여 테레빈유를 얻고 남는 것이 로진(rosin)이다. 나무에 상처를 내서 송진을 받는데 해진 곳에 황산을 뿌리면 더 많은 양을 뺄 수 있었다. 테레빈유는 연고제, 도료, 구두약, 고무나 방수제로, 로진은 비누, 건조

제, 화장품원료, 살충제, 잉크, 반창고, 약품첨가물 등에 쓸 수 있었다.

앞서 가던 친구는 송이풀이 많이 나와 송이버섯 많이 날 거라고 한다. 가만히 들여다보니 며느리밥풀 꽃이다. 내려가면서 우산나물을 고깔나물이라 한다. 비슷한 삿갓나물과 혼돈해서 낭패를 보는 일이 종종 있으니 조심해야 한다. 7~9개의 잎 가장자리에 톱니가 있고 잎 끝이 다시 브이 자로 갈라지는 것이 우산나물, 독초인 삿갓나물은 잎이 6~8개로 돌려나고 우산나물에 비해 깊게 패였다. 우산나물은 국화과, 삿갓나물은 백합과이다.

3시 15분, 계곡에서 발 씻고 돌을 건너 하원리 전치 버스승강장이다. 햇살 뜨거운 아스팔트 길 너머 방국장님 차가 또 기다리고 있다. 오늘 산행 6시간 걸렸다. 어릴 적 공부방에 걸린 짐을 진 사람들이 천축산 오르는 페넌트(pennant, 가

10 헬기 촬영사진(필자)

늘고 긴 삼각기) 그림을 보고 이산에 오고 싶었는데 35년 지나 소원을 이룬 셈이다. 3시 45분 불영정 도로 옆에서 칡즙 한 잔 마시며 더위를 식힌다.

천축산은 신라 진덕여왕시절 의상대사가 서북쪽을 보니 인도의 천축(하늘 천 天, 대나무 축 竺)산과 비슷하여 이름 지었다. 불영사 연못의 아홉 마리 용을 쫓아내고 절을 지어 구룡사(九龍寺)라 하였으나 뒷산 서쪽 바위그림자가 부처모양으로 못에 비치므로 불영사(佛影寺)라고 불렀다. 선조 때 격암 남사고 선생이 여기서 도를 닦았고 한말 의병들이 훈련하던 곳이다. 불영사 대웅전은 여러 번 불타서 화기(火氣)를 누르기 위해 돌 거북을 만들어 기단을 받쳐 놓았다. 거북과 해태는 수신(水神)으로 물의 상징이다. 광화문 앞 해태상과 같은 이치다. 계곡의 시냇물이 굽이쳐 흐르는 것이 금강산 장안사보다 낫고 아름다운 풍경은 유점사보다 고와서 천축산 계곡일대를 소금강(小金剛)이라 일컬었다.[11]

차를 타고 다시 왕피천 에코투어 사업단 사무실까지 왔다.

"차 한 잔 하시고 가요?"

"안됩니다. 오늘 폐를 많이 끼쳤는데……"

"……"

"안녕히 계십시오."

미안해서 차에 올라타며 바쁘게 인사하고 차를 몰았다.

창문 열고 구불구불한 36번 도로를 달리니 훨씬 시원하다.

"……"

"왕피천 에코투어 사업단 보다 '왕피천 생태탐방 사업단'이 낫지 않나?"

"영어가 우리나라에서 나날이 진화하고 있으니 영어권 국가에선 좋아할 거야. 수자원공사가 케이워터, 한국가스공사 코가스, 철도공사도 코레일, 고속철도는 케이티엑스, 토지주택공사도 엘 에이치, 도로공사는 이 엑스……"

"또 있어 농수산물유통공사는 에이 티, 한국전력은 케이프코, 농협도 엔 에

11 울진산수기(김창흡1653~1722)

이치다.”

“……”

“이 참에 우리도 영어이름으로 바꾸자.

“……”

탐방길

전체 약 12.5킬로미터, 6시간 정도

금강송면 왕피천 생태탐방로 입구 → (30분)화전민터 → (50분)박달재 공원관리초소 → (25분)갈림길 → (15분)소나무 숲 → (20분)산불감시초소 → (50분)전주이씨무덤 → (55분)북바위봉 → (35분)천축산 정상 → (10분)소나무송진 채취지 → (55분)계곡

※ 일부 구간 길 없는 곳으로 3~4명이 걸은 평균시간(기상·인원·현지여건 등에 따라 다름)

하늘의 면류관 천관산

통음광가(痛飮狂歌) / 털머위 / 히어리 / 억새 / 연대봉 / 정안사 / 공예태후 / 천관녀 / 축산공해

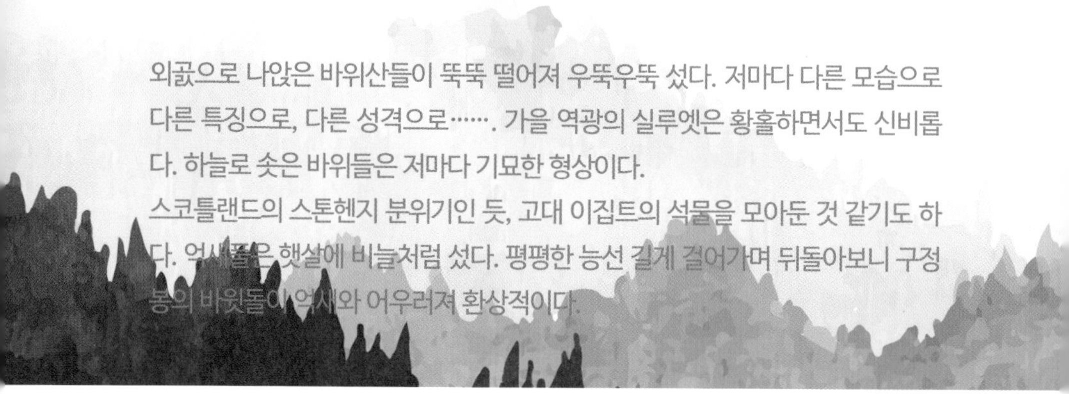

외곬으로 나앉은 바위산들이 뚝뚝 떨어져 우뚝우뚝 섰다. 저마다 다른 모습으로 다른 특징으로, 다른 성격으로……. 가을 역광의 실루엣은 황홀하면서도 신비롭다. 하늘로 솟은 바위들은 저마다 기묘한 형상이다.
스코틀랜드의 스톤헨지 분위기인 듯, 고대 이집트의 석물을 모아둔 것 같기도 하다. 억새풀은 햇살에 비늘처럼 섰다. 평평한 능선 길게 걸어가며 뒤돌아보니 구정봉의 바윗돌이 억새와 어우러져 환상적이다.

10월 13일 토요일 가을 햇살은 강물에 보석을 뿌린 듯 물빛과 어우러져 유난히 반짝인다. 섬진강을 더욱 눈부시게 하니 어찌 가을 여행을 마다하겠는가? 오전 10시 섬진강 휴게소에서 1시간 반을 달려 장흥읍내, 아직 남아있는 아버지 시대의 골목길 걸어 남도의 정취를 느껴보지만 마침 토요시장이라 장마당의 유혹도 떨칠 수 없었다. 피마자·감·대추·생강……. 생강은 줄기, 잎을 같이 붙인 채 팔고 있다. 탐진강 바로 건너 매생이굴 식당에서 점심 먹고 곧장 내달렸다.

5년 전 천관산에 오면서 장흥읍내에 들른 전주 콩나물 국밥집, 음식이 정갈스럽고 맛도 최고였다.
"막걸리 한 잔 주세요."

"……"

"술 한 잔."

묵묵부답 주인은 한사코 벽 쪽을 가리킨다.

"……"

"술에 대한 생각, 우리 집은 해장국을 파는 음식점이므로 술을 파는 것은 도리에 맞지 않는다고 생각합니다. 손님 여러분의 깊은 이해를 바랍니다."

나의 음주욕구를 여지없이 꺾어 놨다. 식당 벽면에 아주 크게도 써 붙였군. 얼마나 술꾼들이 귀찮게 했으면 이렇게까지 해야 하나 이해하려 했지만 천길 나그네 요구를 가차 없이 거절하고 만 것이다. 절망감은 그날 밤 두륜산으로 내달려 폭음을 강행케 했으니 장흥은 나의 통음광가(痛飮狂歌)[1]를 유발한 책임은 지금도 면키 어려우리라.

어느 지역을 가나 막걸리 맛을 보면 그 지방의 물맛을 알 수 있다. 인심을 알 수 있고 풍속을 느낄 수 있다고 여긴다. 막걸리 한 잔 못한 것이 아쉬움으로 남았던 지난 시절, 벌써 추억처럼 이맘땐 더 애틋해 진다.

오후 1시 45분 천관산 입구. 주차장을 지나 길옆에는 감을 파는 시골아낙들이 정겨운 사투리로 나그네를 불러세운다. 동백·황칠나무, 털머위는 햇살에 유난히 빛이 난다.

국화과 식물인 털머위는 바닷가 근처에서 잘 자라는데 윤기가 돌고 잎 뒷면에 희스무레한 털이 있어 머위와 다르며 가장자리에 간혹 톱니가 있다. 9~10월 노란 꽃이 피고 어린 잎자루를 나물로, 상처와 습진에 잎을 바른다. 삶은 물은

1 두보(杜甫 당나라 시인)의 시 痛飮狂歌空度日(통쾌하게 마시고 미친 듯 노래하며 헛되이 세월 보냄) (贈李白 이백에게 준 시).

어혈 해독제로도 썼다. 머위 나물은 머우(강원), 머구(경상), 머위(충청), 꼼치(제주)로 불렸는데 잎이 넓어 모자, 우산 대용으로 썼다. 넓다는 의미로 머휘, 머희, 머위로 바뀐 것으로 본다.

털머위

10분 걸어 갈림길에서 정상을 향해 죽 걸어간다. 왼쪽 정안사, 오른쪽이 구정봉 가는 길이다. 곧 장흥위씨 재실 장천재, 오래된 동백나무들이 볼만하고 묘소, 석상, 장명등이 씨족의 위상을 실감케 한다.

오후 2시 10분 갈림길(금수굴1.4·연대봉2.8·환희대2.8·금강굴1.7·장천재0.4·주차장0.9킬로미터). 땀이 송골송골 나올 정도로 급한 나무계단을 오르면 리기다소나무 능선길이다. 조릿대·동백·청단풍·마삭줄·팥배나무 열매도 붉게 물들었다. 졸참·쪽동백나무, 돌과 바위들이 어우러진 계곡 물소리 정겨운데 상수원보호구역이다. 참빗살·팥배·조릿대·대팻집·작살·신갈·사스레피나무 지나 사방오리나무 군락지, 나무둥치가 굵어서 흡사 박달나무 같이 보인다. 노각·사람주·노간주나무, 발아래 청미래덩굴, 히어리나무 잎맥이 선명하다.

히어리(Korean winter hazel)는 우리나라 원산으로 조록나무과, 희어리속. 잎은 어긋나고 둥근 심장형이다. 가장자리 톱니가 있으며 잎 양면은 매끈하다. 3월 하순에 노란 꽃이 꼬리처럼 늘어져 달리고 지리산을 중심으로 전라남도에 자란다. 개나리, 산수유, 다음으로 봄을 알리는 꽃. 일제강점기 일본인 우에키가 송광사 근처에서 꽃잎이 벌집 밀랍처럼 생겼다 해서 납판(蠟瓣), 송광납판화, 조선납판화로 불렸으나, 해방 후 순천지역 방언 히어리가 정식 이름이 됐다. 시오리마다 볼 수 있대서, 햇살에 꽃이 희다는 등 여러 얘기가 있다. 산청 웅석봉이 군락지로 뱀사골, 쌍계사 숲길에서도 만날 수 있다.

히어리

2시 반, 바위에 서서 숨을 고르는데 황금들녘 너머 다도해, 고만고만한 섬들이 떠 있는 보성만이다. 쇠물푸레·신갈·키 작은 소나무들……. 아래쪽엔 노랑, 빨강, 아니 불그레한 빛깔 단풍이 든다. 여름 더위를 이겨낸 팥배나무 붉은 열매도 먼 바다를 굽어보며 다가오는 계절을 준비한다. 굴참·신갈·진달래·국수·생강·사스레피나무……. 왼쪽의 신갈나무 숲길너머 바위들이 넘어가는 햇살

에 소금강 단풍까지 어우러져 절경이다.

오후 3시경 큰바위 입석에는 역광으로 눈이 부셔 바라볼 수 없을 정도다. 힘들어 땀 뻘뻘 흘리는데 먼저 온 사람들이 "안녕하세요." 자꾸 인사한다. 숨차고 힘 드는데 대답하려니 오히려 죽을 맛. 산에서는 인사도 적절하게 상황을 봐가면서 해야 할 것이다. 곧 한사람 겨우 들어갈 만 한 바위인데 금강굴(환희대0.8킬로미터), 5분 더 올라서 돌배(石船)다. 몇 발자국 지나 대세봉 갈림길(천관사1.6·자연휴양림1.5·환희대0.6·연대봉1.4·주차장3.1킬로미터). 잠시 후 외곬으로 나앉은 바위산들이 뚝뚝 떨어져 우뚝우뚝 섰다. 저마다 다른 모습으로 다른 특징으로, 다른 성격으로……. 가을 역광의 실루엣은 황홀하면서도 신비롭다.

오후 3시 15분 구정봉(九頂峰), 환희대(연대봉1·닭봉헬기장0.4·탑산사0.6·구룡봉

0.6킬로미터). 하늘로 솟은 바위들은 저마다 기묘한 형상이다. 스코틀랜드의 스톤헨지 분위기인 듯, 고대 이집트의 석물을 모아둔 것 같기도 하다. 억새풀은 햇살에 비늘처럼 섰다. 평평한 능선 길게 걸어가며 뒤돌아보니 구정봉의 바윗돌이 억새와 어우러져 환상적이다.

구정봉은 대장·문수·보현·대세·선재·관음·신상·홀·삼신봉인데 기묘한 형상으로 솟은 아홉 개의 바위를 일컫는다. 나도 자연에 취해 가냘픈 몸짓, 바람 따라 일렁이며 하늘하늘 춤사위를 벌이면 바다, 섬, 바위, 가을도 같이 흔들린다. 억새풀 너머 멀리 점점이 찍힌 섬은 마치 배가 떠있는 듯. 이렇게 경치가 뛰어나니 어찌 한바탕 벌이지 않을 수 있겠는가? 봄은 진달래, 가을이 되면 정상 능선으로 4킬로미터 억새가 장관이다. 시월 초순 억새제를 벌인다.

벼과(科)인 억새는 참억새, 물억새 등 아시아, 아프리카, 열대에서 온대까지 십여 종 분포하나 아직도 새로 발견되는 종류가 많다. 주로 산에 살지만 물가의

능선길

천관산 연대봉

물억새가 있기도 하다. 바닷가, 강가에 자라는 갈대, 계곡의 염분이 없는 물가에 달뿌리풀. 이들은 정화능력이 뛰어난 것으로 알려졌다. 억새는 은색, 갈대는 갈색, 억새와 갈대는 산에 같이 살았지만 냇가로 간 갈대가 돌아오지 않자 억세게 기다리다 억새가 됐다. 으악새는 억새의 경기 방언이다.

3시 30분 연대봉 해발 723미터(환희대1·달봉헬기장0.6·탑산사1.6·불영봉1.5·양근암1·장천재3.2킬로미터)에 닿는다. "아이스깨끼" 파는 사람들과 등산객이 어울려 난장판이다. 원래 옥정봉(玉井峰)인데 이산에서 최고 높은 봉우리다. 고려 때 봉화대를 설치, 통신수단으로 이용해서 봉수봉 또는 연대봉이 라 불렀다. 삼면이 다도해다.

완도가 내려다보이고 동쪽으로 팔영산, 도양읍·소록도, 두륜산은 오른쪽 방향이다. 영암 월출산, 담양 추월산, 맑은 날엔 한라산까지 볼 수 있다. 이 산의 끝자락은 바다로 곧장 뛰어 들었다. 발밑으로 다도해, 황금들녘, 방조제, 섬, 집들, 연륙교, 저수지 멀리 구름, 푸른산, 한 폭의 가을 풍경화를 보는 듯. 키 작은 신갈나무, 진달래, 조릿대……. 사방으로 탁 트여 풍광은 절경인데 겨울철엔 바람이 세차 으스스한 폭풍의 언덕, 억새 윙윙 우는 바람의 산이 될 것이다.

사람들은 사진 찍으려 줄서서 기다린다.

"비켜."

"……"

모두 웃는다.

"죄송합니다."

표지석 찍으려 렌즈를 맞추는데 친구는 비켜주질 않는다.

"다 찍었어."

"그까짓 바위 하나 뭐 중요하다고……."

"……"

내려가는 길에 신갈나무는 바닷바람에 시달려 떨어지고 이 계절에 새잎이 또 나왔다. 길섶으로 구절초·벌개미취·팥배나무…….

내려가며 왼쪽을 바라보니 구정봉 바위는 성벽처럼 우뚝 섰다. 가을햇살은 등뒤에서 계속 따라오며 산 아래로 나를 밀어낸다. 억새, 하얀 구절초를 바라보

멀리 구정봉

가을 역광의 실루엣

다 이내 정원암에 오후 4시. 팥배나무 열매는 한껏 농염한 자태로 어느새 빨갛게 단장했다. 양근암(陽根岩)아래 팻말이 재밌다.

"이곳에 쓰레기를 버리면 누구더러 어떡하라고. 장흥군."

"……"

"오죽했으면 이러겠어."

건너편 중턱 금강굴이 양근암과 마주보고 있으니 절묘한 음양의 조화를 느껴본다. 사람주나무 이파리도 붉은 색깔을 칠해놓았다. 길옆의 푸른 동그라미들 히어리나무 군락. 분홍색 각시며느리밥풀꽃, 쇠물푸레·신갈·진달래·사스레피나무. 키 작은 소나무, 남쪽이라 그런지 신갈나무는 낮은 곳에 자란다.

산에 오를 땐 햇살을 잘 살펴서 올라야 이산의 정취를 제대로 느낄 수 있다.

환희대로 먼저 잘 돌았다. 안 그랬으면 역광 때문에 분위기 덜 했을 터. 산길을 안내하는 숲길등산지도사[2]들은 기본적인 숲길안내 뿐 아니라 자연의 여건, 지형의 성격까지 잘 헤아려야 쾌적하고 안전한 요구에 뒷받침할 수 있을 것이다.

4시 20분 내리막길 긴 계단 사스레피나무 숲을 내려가는데 붉나무·리기다소나무·조릿대 뒤섞여 서로 힘자랑 한다. 거의 다 내려오니 말오줌대. 붉은 열매를 잔뜩 달았고 반짝이는 이파리는 아주 두텁다.

4시 반에 장천재 삼거리 갈림길(정안사1.2·효자송0.5킬로미터) 지나 편백나무 숲길 조금 걸어 주차장으로 되돌아왔다. 모처럼 멀리 왔으니 잠시 정안사를 둘러보기로 했다.

정안사(正安祠)는 장흥임씨(長興任氏) 시조·공신의 위패를 봉안한 곳. 고려시

2 산림청 인증 자격증을 가지고 등산·트레킹을 해설·지도·교육하는 사람.

대 장흥군은 정안현으로 영암군 소속이었는데, 공예태후(恭睿太后)[3]의 탄생지라 오래도록 흥하라는 뜻에서 장흥부(長興府)로 승격시켰다. 공예태후는 장흥 관산 옥당리 당동에서 임원후의 딸로 태어나 인종왕비, 의종 때 왕태후가 되어 정중부·이의방·이의민 등 무인 난세에 정치력을 발휘하여 고려귀족가문의 발판을 굳혔다. 의종·명종·신종 세 아들이 왕위를 이었다. 정안사는 1998년 종친에서 세웠다.

정안사에서 올려다보니 천관산이 신비스럽게 보인다. 안개와 구름이 드리워져 흐릿한데 천관보살이 손짓하는 듯하다. 이산에 천관보살이 산다니 하늘빛이 비장하기까지 하다. 그러니 태후도 천관의 기운을 받아 여자로서 무신(武臣)들을 물리치고 왕위를 보전한 것 아닌가? 주변의 하얀 은목서 꽃은 퀴퀴한 냄새를 내뿜어 상서로움을 지우고 있다.

김유신이 젊었을 때 기생 천관의 집을 자주 드나들었다. 하루는 술 취한 자신을 천관의 집으로 태우고 간 말을 죽이고 무예를 닦아 통일을 이룬다. 장군은 서라벌에 숨어살던[4] 천관을 찾았지만 자기는 천관보살 화신으로 큰일 할 사람임을 알고 시험했다며 거절한다. 김유신이 같이 가자고 고집을 부려 천관이 주문을 외자 백마가 와서 태우고 사라졌다. 뒤를 쫓았지만 이곳 천관산에 와서 놓치고 말았다.

천관산은 1998년 도립공원이 되어 지리·월출·내장·변산과 호남5대 명산으로, 수십 개 봉우리가 천자(天子)의 면류관[5]을 닮아 천관산(天冠山)인데 천풍산(天風山)·지제산(支提山)[6]으로도 불린다. 신라 때부터 천관보살의 터로 천관·옥룡·탑산사 등 수십 개의 암자가 있었으나 지금은 송광사 말사로 천관사만 남았다.

---

3 태후 : 죽은 왕의 생존한 왕후

4 경주에 천관사 절터가 있다.

5 면류관(冕旒冠), 왕의 정복(正服)에 갖추어 쓰던 관. 검고 속은 붉으며, 위에 긴 사각형 판이 있고 앞에 오채(五彩)의 구슬꿰미를 늘어뜨린 것. 대제(大祭)나 즉위 때 썼다.

6 천관보살이 머무는 산.

오후 5시, 장흥위씨(윤조)가 땡볕에 밭일하던 어머니 휴식을 위해 심었다는 옥당리 효자송(孝子松)을 뒤로하고 영화촬영지 시골길을 지나는데 축사냄새 때문에 분위기 망쳤다. 축산공해다. 소 한 마리는 사람 11명, 돼지는 2명분의 분뇨를 배출한다. 국내 사육 소 3백만 마리는 사람 33백만, 돼지 1천만 마리는 2천만명분에 해당한다. 5천만이 살지만 실제 1억 명 사는 국토는 과도한 환경부하와 악취에 시달리고 있다.[7] 싱그러운 농촌에 분뇨로 가득한 축산공화국의 들녘, 붉은 저녁하늘 바라보며 칠량면 가우도로 달린다.

---

7 조선일보(한삼희 환경칼럼), 우리 농경지는 경제협력개발기구(OECD)나라 중 질소초과량 1위, 인(燐) 2위다. 필요보다 훨씬 많은 영양을 축산퇴비·화학비료 형태로 투입, 토양에 축적되거나 비올 때 하천으로 쓸려가 결국 부(富)영양화로 조류(藻類)증식을 가중 시키는 꼴이다.

탐방길

정상까지 3.7킬로미터·1시간 45분, 전체 3시간 정도

주차장 → (20분)장천재 → (5분)갈림길 → (50분)입석·금강굴 → (15분)구정봉·환희대·능선길 → (15분)연대봉 정상 → (30분)양근암 → (30분)장천재 갈림 → (10분)주차장 → (5분)정안사 → (15분) 효자송

※ 휴식과 보통걸음의 평균시간(기상·인원·현지여건 등에 따라 다름)

그 시절의 물결 사량도 지리산

섬마을 봄 바다 / 말오줌대 / 탱자나무 / 해송 / 예덕나무 / 왜구 / 소사나무 / 옥녀봉 전설 / 막점 / 최영장군 사당

바다와 경계가 없는 하늘에는 구름이 둥실둥실, 멀리 가까이 크고 작은 섬들은 잔잔한 바다에 점점이 떠 있는 듯, 흘러가는 듯, 눈으로 섬을 헤아리다 그만두기로 했다.
이따금 지나는 배는 푸른 바다에 하얀 색칠을 한다. 바위섬에 앉아 바라보는 한려수도, 한 폭의 망망대해 도화지에 붓으로 찍어놓은 다도해 쪽배, 물결에 내린 햇살은 보석처럼 반짝인다.

물결과 어울려 사는 섬, 사량도(蛇梁島)는 위섬(上島)과 아래 섬(下島), 수우도 3개의 유인도(有人島)와 크고 작은 섬 10개가 넘는 무인도로 1천5백여 명 남짓한 주민들이 산다. 상·하도 두 개의 섬이 마주보는 사이 바다는 강처럼 보인다고 동강이다. 상도의 등을 따라 동서로 길게 뻗은 지리산, 달바위, 가마봉, 옥녀봉이 서로 연결되어 긴 뱀을 따라 가는 듯한 곳이다. 사량도에 대여섯 번, 마지막에 다녀온 것이 벌써 몇 해가 흘렀다.

10시경 가오치 선착장에 바람이 세고 파도가 높았지만 내해(內海)라서 멀미 걱정은 덜었다. 섬으로 들어가는 배는 7시부터 두 시간 간격으로 막배가 오후 5시, 나오는 배는 홀수시간이다. 편도뱃삯 5천원, 30~40분 배를 타고가면 사량도 금평리 선착장에 닿는다.

가오치 선착장

연락선

한려수도

사량도 선착장

물결은 떨어진 낙엽처럼 일렁이는데 올망졸망한 섬들 곁에 두고 하얀 부표마다 배위에선 물일 하느라 분주하다. 바다 들판이 움직인다. 산이 되어 움직인다. 바다의 모든 것이 움직인다. 들판과 산을 헤치며 흘러가는 배들. 바닷바람이 연락선의 굴뚝연기를 확 흔들어댄다. 섬을 연결하는 연도교(連島橋) 공사를 하는지 교각이 하늘 찌를 듯 높이 섰고 배들은 어물어물 내항으로 빨려 들어간다. 부우~ 푸른 음표 위의 힘찬 베이스, 뱃고동 소리 정겹다.

30분 흘러왔으니 11시 30분 어느덧 사량도에 발을 디딘다. 배에서 내리니 바닷물속이 훤하다. 이 섬에 닿으면 가장 먼저 하는 일은 막걸리를 사는 것이다. 선착장 뒤편 상점에서 담은 막걸리는 투박한 맛인데 1리터 한 병에 여전히 5천원이다.

칠순이 넘은 백발의 시내버스 기사님이 승객을 기다리며 섰다.

“몇 시에 출발 합니까?”

“……”

“배에서 사람들이 다 내려야 갑니다.”

“하도에서 태워온 사람들까지 기다려야 해요.”

“……”

버스는 2시간 간격으로 다니는데 나른한 섬마을의 봄볕을 싣고 정오 10분 전 출발한다. 15분쯤 덜컹거려 돈지마을에서 내린다. 5분가량 걸으니 돈지 초등학교 고샅길이 고즈넉하다. 들길에는 물 기운이 피어오르고 노란 유채꽃 하늘거린다. 파릇한 풀잎은 물방울 터는데 말쑥한 표정이다.

돈지 초등학교

말오줌대·사스레피나무·보리수·탱자·팽·붉·굴피·광대싸리, 으름덩굴·노간주·두릅·작살·예덕나무, 사위질빵·닭의장풀·여뀌, 곰솔·소사·신갈·상수리·비목·가막살·쇠물푸레나무…….

말오줌대는 군락지에 말 오줌 냄새가 난다고, 말에게 나무를 달여 먹이면 오줌을 잘 눈다 해서 말오줌나무라는 이름이 붙었다. 부러진 뼈를 붙이는 접골목(接骨木)으로 쓰이는 약 나무다. 접골목류에는 말오줌대, 지렁쿠나무, 딱총나무 등이 있으며 열매가 모두 빨갛게 익는다. 모양이 아름다워 관상용으로도 많이

말오줌대

심는다. 말오줌때 라고도 하는데 억센 발음 위주로 불려진 이름. 무환자목 고추나무과, 산기슭이나 바닷가에서 자란다. 마주나는 잎은 홀수 1회 깃꼴겹잎, 긴 달걀 모양 가장자리에 톱니가 있다.

열매를 술에 담가 마시면 피로해소·감기·이뇨·신경통·타박상·골절 치료에 오늘날까지 전승되는 민간약이다. 재질이 부드러워 세공용으로 썼으며 가지 속에 수(髓)[1]가 있어 부러지기 쉽다. 딱총나무는 정월보름 무렵 귀신을 쫓는 주술적인 의미가 있다. 가지의 심지를 빼고 종이 총알을 만들어 넣고 쏘거나, 나무를 부러뜨리면 딱 소리가 나므로 딱총나무라 불렀다.

고샅길 탱자나무 열매도 노랗게 익어서 갈 길을 더디게 한다. 예전에 마을에 전염병이 돌면 가시가 많은 탱자나 엄나무 가지를 꺾어 안방 문 위에 걸어 놓는 풍습이 있었다. 해안가에 바닷바람과 외적의 침입을 막으려고 탱자나무를 많이 심었다. 강화도에 천연기념물로 지정된 탱자나무는 병자호란 때 심었던 것. 5월에 잎보다 먼저 흰색 꽃이 핀다. 꽃자루가 없고 노란색 열매는 향기가 좋아 화장품과 향료로, 다이어트에 술을 담가 마시고 열매를 말려 습진치료, 설사를 멎게 하거나 건위제로 썼다. 녹색을 띠어 상록수로 착각할 수 있으나 낙엽관목이다. 울타리 나무로, 귤나무 대목(臺木)으로 쓴다. 중국 원산, 경기도 이남에 잘 자란다.

고샅길 탱자나무

좁은 산길을 올라 오후 1시 5분 첫 번째 바위산 정상에 닿으니 창선도, 삼천포 대교가 눈앞이다. 한 잔 들어 삼천포 항구 쪽을 다시 굽어본다. 돈지마을 바

1 나무의 골속을 수(髓)라고 하는데 동물로 치면 골수를 의미한다.

농개섬과 수우도

다 위에는 햇살이 내려앉아 눈이 부시다.

점심 먹고 1시 50분 자리에서 일어선다. 갈림길(돈지1.5·내지1.7·금북개1.1·지리산0.6킬로미터) 능선 따라 동쪽으로 걷는 바위길, 팥배·노린재·소나무·감나무, 예덕나무는 전라도 섬의 나무보다 작다.

산을 오르는 길은 여러 갈래다. 사량도 등산은 대개 돈지에서 출발하는데 깎아지른 절벽과 밧줄, 철 계단이 많아 상당히 위험하다. 동쪽으로 지리산, 가마봉, 옥녀봉을 거쳐 사량면사무소까지 대략 8킬로미터 5시간 반 정도 걸린다. 옥녀봉 일대에서 추락사고가 잦으므로 조심해야 한다.

뒤를 돌아보면 앞에는 농개섬, 뒤에 있는 큰 섬이 수우도.[2] 농개섬[3]은 뱀의 머

2 시우섬, 수우도(樹牛島)

3 농애·농가·농가도, 섬 모양이 농어처럼 생겼다는 것과 농어가 많이 잡힌 곳이라는 데서 유래.

리 앞에 먹이인데 개구리라는 것. 맑은 날 지리산 천왕봉이 보여 지리망산, 지리산의 산세가 사량도까지 뻗었다.

바다와 경계가 없는 하늘에는 구름이 둥실둥실, 멀리 가까이 크고 작은 섬들은 잔잔한 바다에 점점이 떠 있는 듯, 흘러가는 듯, 눈으로 섬을 헤아리다 그만두기로 했다. 이따금 지나는 배는 푸른 바다에 하얀 색칠을 한다. 바위섬에 앉아 바라보는 한려수도, 한 폭의 망망대해 도화지에 붓으로 찍어놓은 다도해 쪽배, 물결에 내린 햇살은 보석처럼 반짝인다. 바닷바람에 억세게 버티며 섬을 지키는 곰솔이 대견스럽다. 그래서 해송(海松)이다.

해송은 해안선을 따라 자란다. 어릴 때 자람이 빠르고 척박한 땅, 바닷가의 거친 바람과 염분에도 잘 견뎌 방풍림으로 많이 심는다. 거북등처럼 갈라지는 나무껍질이 검어 검솔, 곰솔이 됐다. 또한 잎이 바늘처럼 뾰족하고 억세 강인한 남성의 상징이다. 겨울눈이 흰색, 일본에서는 소나무의 대표로 치는데 쿠로마츠(黑松)로 부른다.

사량도는 고성군에 있었으나 통영군 원량면(遠梁面), 사량면(蛇梁面)이 되었다. 고려 때 남해의 호국신에게 기원제를 지내던 곳. 조선시대 사량만호진을 두고 임진왜란 때는 영호남을 잇는 수군의 거점지역으로 거북선과 병력이 주둔했다.

2시 10분 소사나무가 터널을 만들었다. 진달래·쇠물푸레·곰솔·노간주·당단풍· 졸참·노린재……. 이렇게 대궁이 굵은 나무는 처음 봤다. 생강·사람주나무, 청미래덩굴을 마주하다 어느덧 2시 30분 지리산 정상(397.8미터). 천왕봉 지리산을 바라볼 수 있어 지리망산(智異望山)이라 불리다가 지리산이 된 것. 남해의 푸른 바다와 바위산을 함께 즐길 수 있는 100대 명산 가운데 하나다.

등산길 표지

지리산 정상

예덕나무는 대극과의 낙엽 큰나무로 10미터까지 자란다. 붉은빛을 띤 긴 잎자루에 잎은 어긋나며 달걀 모양으로 헛개나무, 오동나무 잎을 합쳐 놓은 것 같다. 남쪽 해안에 잘 자란다. 오동나무와 비슷해서 야오동(野梧桐), 야동(野桐)이라 하고, 새순이 붉은 빛깔을 띠어 적아백(赤芽柏), 밥이나 떡을 싸먹어 채성엽(採盛葉)으로 부른다. 이른 봄 빨간 순을 소금물로 데쳐 떫은맛을 없애서 무쳐 먹기도 한다. 일본·중국에서는 잎·줄기·껍질을 갈아 알약으로 만들어 암치료제로 판매한다고 알려져 있다. 신장·방광의 결석을 녹이고 통증을 없애준다. 위궤양·위암에 달여 먹고, 치질·종기·유선염에 달인 물로 씻거나 찜질을 하면 효과가 좋다.

사량도 예덕나무

고개 돌려 남쪽을 보면 둥글게 해안선을 만든 항구가 연못처럼 정겹다. 그래서 돈지(敦池)인가? 앙증맞은 작은 연못 같은 항구, 돈지 항구 너머 왕관을 닮은

대항 해수욕장

손바닥만 한 섬은 임진왜란 당포해전 때 잠시 지나며 이순신 장군이 대나무 화살을 얻었다는 대섬(竹島)이다.

"저 섬 사서 나한테 선물해"

"……"

"뭐하게."

"저 섬에서 살려고."

"왜구들 밥되기 딱 좋겠다."

"……"

"무슨 왜구?"

지중해의 카프리 섬 못지않은 절경이니 섬을 사달라고 졸라댈 만하지.

왜국 왜(倭)[4], 도둑 구(寇). 왜구(倭寇)는 우리나라와 중국 해안에서 약탈하던 일본의 해적. 주요 소굴은 쓰시마(對馬島), 마쓰우라(松浦), 이키(壹岐) 등이었다.

4 우리나라와 중국에서는 일본을 왜(倭)라고 불렀다.

1419년 세종 때 이종무 장군이 쓰시마를 정벌하기도 했다. 여말선초 수십 리 해안에는 인가가 없을 정도로 황폐화 되었다.

철쭉·굴피·소사나무……. 노린재나무는 굵고 커서 껍데기는 감나무와 비슷하게 보인다. 며느리밥풀꽃, 마삭줄은 잎과 줄기가 빛나고 억세다. 2시50분 능선 한 개 넘어서니 돈지항구는 산 뒤로 그만 넘어가고 옥동마을이 보이자 까마귀 울어댄다. 굵다란 팥배나무 능선의 산조팝나무 잎은 여리다. 쥐똥·예덕나무, 가막살나무의 빨간 열매를 만난 건 오후 3시경.

소사나무 그늘 능선에 앉아 쉬는데 쉼터 나무의자를 다듬는 어른에게 소사나무를 묻는다.

"……"

"이 섬에서는 소새나무라고 해."

"억수로 단단해서 농기구 만드는데 썼지."

"……"

"사진 좀 찍어주세요. 근데 왜 사량도라 불렀죠?"

"어사 박문수가 고성 땅에서 바라보니 모양이 뱀처럼 생겼다고……."

"……."

멀리 보이는 바다 물길도 정말 뱀처럼 구불구불하다.

소사나무는 서나무보다 작아 소서목(小西木), 소서, 소사나무로 바뀌었다. 해안, 섬 지방에 많이 자란다. 민간에선 뿌리껍질을 오줌이 신통찮을 때 술과 달여 먹었고 타박상과 종기에도 찧어 붙였다. 잎자루에 털과 잔가지가 많고 맹아력(萌芽力)이 좋아 분재로 많이 쓴다. 서(서어)나무는 서쪽에 잘 커는 나무(西木)에서 유래됐다. 개서나무, 까치박달, 소사나무 등이 사촌 간, 회색껍질은 뱀의 근육처럼 으스스하다. 어긋나는 잎은 가장자리 톱니가 있다.

달바위에서 잠깐 내려서니 3시 35분 갈림길(대항마을0.67·지리산2.28·가마봉·0.76·옥녀봉1.62킬로미터) 대항리 마을은 산그늘 받아 조망이 좋다. 이곳은 바위만 있는 불모지대라 불모산, 지금부터 바위봉우리는 점점 험해진다. 특히 가마봉에서 옥녀봉, 내리막길이 가파른 절벽으로 밧줄과 철 계단을 거쳐야 한다. 초보자나 고소공포증이 있는 이들은 공포의 구간, 둘러가는 길이 있다.

3시 50분 가마봉(303미터)에 서니 뱃고동 소리가 길다. 산 그림자는 피라미드처럼 대항리 해수욕장을 덮어 차일(遮日)[5]을 친 듯하다. 밧줄을 움켜잡고 깎아지른 절벽을 올라 암벽의 줄사다리를 한 발 한 발 딛고 내려와야 했던 것은 옛일이 됐다. 예스런 맛이 사라져 운치는 덜하다.

가마봉

4시에 출렁다리에 닿는다. 39미터·22미터 폭2미터, 돌탑 있던 곳 옥녀봉(해발291미터)이다. 봉긋한 형상이 여인의 가슴을 닮았고 풍수지리의 산세가 옥녀가 거문고를 타는 옥녀탄금형(玉女彈琴形), 하도의 칠현봉(七絃峰)과 무관치 않아 보인다. 일곱 개의 봉우리 있어서 칠현봉인데 봉수터가 있었다. 20분지나 팥배나무 붉은 열매는 알싸한 맛이지만 가막살나무 열매는 별로다. 소사·곰솔·예덕·굴피나무가 이 구간의 대표적인 나무인 듯, 기세를 잃지 않고 산위에서 남해를 지키는 곰솔이 수군만호[6]다.

흔들리는 출렁다리 위를 걸으면 오금이 저릴 지경이지만 한려수도(閑麗水道)[7]의 경치는 그야말로 그림이다. 여기는 한려해상국립공원의 중간 지점. 해풍

5 햇볕을 가리기 위해 치는 포장.
6 수군만호(水軍萬戶), 조선 시대 각 도의 수군 수영에 속한 종사품 무관벼슬.
7 거제 부근에서 통영, 사천, 남해를 거쳐 여수에 이르는 물길(1968년 한려해상국립공원)

옥녀봉

에 시달린 노송이 아슬아슬하게 매달려 있고, 바위능선을 감싼 숲은 기묘하게 생긴 바위와 돌(奇巖怪石)이 서로 어우러졌다.

욕정에 눈이 먼 애비가 딸을 겁탈 하려하자 이곳까지 도망쳐 떨어져 죽었다는 전설이 깃든 옥녀봉,

"사량도엔 결혼식 할 때 신랑신부가 서로 절하지 않아."
"……"
"옥녀가 질투해 금슬이 안 좋다는 거야."

사량도가 고향인 자취집 주인댁이 들려주던 이야기다. 연탄보일러 월세 2만원의 고학(苦學)시절, 배고픈 학생들에게 그릇이 넘치도록 국수를 비벼주던 그

팥배나무 너머 금평리

때. 세월은 흘렀지만 아직도 잊히지 않는다. 이·막·점, 인심이 무척 좋았다. 딸들이 많아 딸을 마감하고 아들을 낳아달라는 염원에서 막점으로 이름을 지었다는데, 70년대 종말이, 말자, 말순, 말년, 막례 등과 비슷하다.

4시 35분 사스레피·굴피·소나무·국수·생강·산뽕나무, 참 오랜만에 본 참식나무· 청미래덩굴·까치수염, 발아래는 상·하연도교 가설공사 중이다.

옥녀봉을 내려서면 사량도 선착장이 빤히 보인다. 바위는 간데없고 숲길은 지그재그로 나 있다. 곧장 금평리 마을에 닿는다. 돌아갈 배편을 기다리며 항구의 해삼이나 멍게를 안주 삼아 한 잔 들어야 완전한 산행이지만 낭만이 없는 친구 덕택에 마침표를 찍지 못했다.

바쁘게 배를 타려는데 최영 장군(崔瑩 1316~1388) 사당이 있다. 고려 말 이곳에서 진을 치고 왜구를 무찌른 자리에 위패(位牌)를 세운 것이다. 홍건적과 왜구를 평정하는 등 고려를 지키기 위해 노력했지만, 이성계는 위화도에서 회군하여 장군을 죽인다. 그의 절개와 억울한 죽음을 기려 민간에서 태평성대의 신으로 숭배하고 있다.

5시 원점회귀 사량도 선착장, 섬을 나오면서 뒤를 돌아보니 마치 뱀이 구불구불 기어가는 물결이다. 5시 30분 가오치, 배에는 관광버스를 통째로 실었는데 그 안에 승객도 탔다. 통영으로 내달리니 저녁 6시 30분 중앙시장은 사람들로 가득하다. 다음날 통영오광대(統營五廣大)놀이[8]까지 즐거웠던 그 시절의 사량도 물결.

8 통영에 전승되는 탈놀이. 풍자탈(말뚝이탈), 영노탈, 농창탈(제자각시탈) 따위 다섯 마당의 국가무형 문화재

탐방길

정상까지 1,6 전체 8킬로미터·5시간 30분 정도

가오치 선착장 → (30분)사량도 선착장 하선 → (20분)버스탑승 대기 → (5분)옥동 → (10분)돈지마을 → (5분)돈지초교 → (55분)첫 번째 바위산 정산 → (50분)소사나무 터널 길 → (20분)지리산 → (10분)노린재나무 고목 → (45분)달바위 → (40분)가마봉 → (10분)출렁다리(옥녀봉) → (60분)사량도 선착장(가오치 선착장 30분 소요)

※ 쉬엄쉬엄 느린 걸음의 산행시간

영산약수(靈山藥水) 재약산과 능동산

표충사 / 재약산 유래 / 금강동천 / 셜록홈즈 바스커빌의 개 / 사자평 / 천이와 극상 / 수형목

계곡의 바위마다 가뭄에도 골이 깊어 물이 넉넉하니 명경지수다. 암자로 오르는 돌계단, 섬돌에 상수리 나뭇잎은 양탄자처럼 깔렸다. 큰 바위는 절경인데 금강동이라 하얗게 새겼다. 물을 안고 도는 바위, 바위를 씻으며 티끌 안고 가는 물, 바위가 주인인지 물이 주인인지 모르겠다. 한·계·암, 이름대로 찬물암자다.

1월의 겨울 아침 8시경 안개산 위로 부옇게 해가 떴다. 은밀한 햇살, 참 밀양(密陽)스럽게도 떴다. 30분 더 달려서 표충사 주차장이다. 일행 여덟 명은 입장료와 주차요금을 합쳐 비싸게 지불하고 걷는다. 사방에 서리가 하얗게 덮였고 까마귀소리 요란하다. 표충사를 둘러싼 필봉, 주산(主山) 사자봉, 오른쪽으로 수미봉(재약산)과 문수·관음봉 등 여러 산들이 서 있다.

재약산 표충사는 처음에 원효대사가 죽림사(竹林寺)를 세운 천년 넘은 절이다. 그래선지 주변에 대나무가 무성하다. 통도사의 말사. 임진왜란 때 승병(僧兵)을 일으킨 사명대사를 추모하는 표충사당(表忠祠堂)[1]이 있다.

1 임진왜란 때 구국구민(救國救民)한 사명(四溟)·서산(西山)·기허(驥虛)를 3대 성사(聖師)로 불림.

"원래 사명대사 제향서원(祭享書院), 절집으로 바뀐 것(祠 → 寺)이다."

"그럼 서원이잖아?"

"……"

"유교까지 있으니……"

"그래서 불교는 범신교[2]적인 요소가 있어요."

범종루엔 불전사물 다 걸렸다. 2층에 목어·법고·운판, 1층에 범종. 9시경 내원암 갈림길(사자봉4.3·한계암·금강폭포1.3·진불암2.1내원암0.3표충사0.5킬로미터)이다.

신라 흥덕왕 아들이 병을 고치기 위해 명산약수를 찾아다니다 이곳에서 낫자 산 이름을 재약산(載藥山), 한때 절 이름도 영정사(靈井寺)로 불렸다. 절 입구에 철마다 말린 것, 갓 뜯어온 기화이초 산약초를 파는 노점들이 즐비한 이유가 있다.

2 온갖 것을 신으로 보는 범신교(汎神教), 일신교(기독교, 이슬람교), 다신교(힌두교) 등이 있다.

"이산에 자라는 풀은 모두가 약초다."

"……"

"흐르는 물도 약수다."

"궁합이 잘 맞는군."

"……"

어느새 금강폭포, 한계암 따라 왼쪽으로 오른다. 계곡의 바위마다 가뭄에도 골이 깊어 물이 넉넉하니 명경지수(明鏡止水)[3]다. 암자로 오르는 돌계단, 섬돌에 상수리 나뭇잎은 양탄자처럼 깔렸다. 큰 바위는 절경인데 금강동(金剛洞)이라 하얗게 새겼다. 재약산 북쪽의 금강동천(金剛洞天), 금강폭포다.

동천은 하늘마을, 별유동천(別有洞天)이다. 별천지, 낙원(paradise)을 뜻한다. 전국에 수많은 동천이 있다. 수락동천, 화개동천, 외암동천, 함허동천, 화양동

3 밝은 거울과 정지된 물, 고요하고 깨끗한 마음. 장자의 무위(無爲)경지를 가리켰으나 순진무구한 깨끗한 마음을 아우른다.

천, 우복동천[4]……. 나도 작은 터를 잡았는데 관람동천(觀嵐洞天)이라 작명했으니 도가(道家)의 반열에 들 수 있을는지?

물을 안고 도는 바위, 바위를 씻으며 티끌 안고 가는 물, 바위가 주인인지 물이 주인인지 모르겠다. 한(寒),계(溪),암(庵). 이름대로 찬물암자다. 여름철이 금상첨화 아니던가? 물길은 잠시 흘러 수구(水口)[5]를 만들었다. 찬물계곡 명당 터, 사자봉까지 1시간 40여분 올라가야 한다.

암자의 사립문이 잠겨 지나친다. 몇 해 전, 차 한 잔 권하던 보살님의 기억이 새롭다. 장작불 지핀 솥에 물이 끓고 흙벽에 커다란 벌집이 달려 있었다. 9시 반경 바위절벽을 바라보며 잠시 쉬기로 했다. 상수리·굴참나무 군락지 바람 한 점 없는 겨울날. 어느덧 10시 너덜지대다. 산꼭대기로 보이는 하늘은 더욱 파랗다.

4 이밖에도 입석동천, 용화동천, 천태동천, 옥류동천, 사자동천, 자장동천, 구룡동천, 금오동천, 운흥동천, 홍류동천, 마고동천, 운안동천, 도화동천, 석류동천, 용암동천, 봉강동천, 와룡동천, 발리동천, 용문동천, 불령동천, 금류동천, 청계동천, 백석동천, 대명동천, 석문동천, 용진동천, 마이동천, 태을동천, 두타동천, 미산동천, 백운동천 등이 있다.

5 풍수지리, 물(生氣)이 드나드는 곳.

20분 더 올라 조릿대 길. 겨울인데도 땀을 뻘뻘 흘리며 한발 한발 내딛는다. 턱턱 막히는 가슴, 마치 피라미드 꼭대기로 오르는 듯. 10시반경 소나무 두 그루 밑에서 잠시 숨 돌리고 곧장 철쭉, 진달래 군락지에 닿는다.

11시 5분 드디어 재약산(載藥山) 사자봉 정상(1,189미터), 일제강점기 천황을 상징하는 천황산(天皇山)이라는 논란이 있어 지금은 사자봉(獅子峰)으로 아울러 부른다. 밀양의 주산(主山), 단장 · 산내면, 울주군 상북면 경계, 영남알프스의 중앙인 이곳에 서면 긴 산줄기와 사자평 억새밭이 한눈에 들어온다. 낙동정맥 가지·능동·간월산의 서쪽이다. 사자머리 같이 생겨 사자봉, 남쪽에 보이는 재약산과 쌍둥이 봉우리다. 저 멀리 구만산·북암산·억산·운문산· 가지산·고헌산·능동산·간월산·신불산·영축산·천태산·만어산……. 영남 산군(山群)이라 불릴 만하고 신령스런 영산(靈山)이다.

겨울인데 날씨는 왜 이리 더운지 땀이 줄줄 흐른다. 사자봉과 수미봉(재약산)

사이 천황재에 이르니 광활한 억새평원이 펼쳐져 있다. 억새바다, 햇살에 찰랑찰랑 흔들리는 억새들의 물결이다. 고사리분교터 근처에 사자평원, 산들늪이라 하는데, 습지·늪에 살던 식물이 쌓인 이탄층(泥炭層) 평원은 국내 최대 규모 고산습지로 불린다.

어느 해 5월 능동산에서 올라 주암계곡으로 하산한 적 있었다. 울산 학생교육원에서 2시간 정도면 능동산 정상(983미터)에 닿고, 계곡을 거쳐 원점으로 돌아오는데 6시간 반 가량 걸렸다. 계곡 서쪽에 배가 떠내려 와 멈춘 것 같은 주암(舟巖)이 솟아 있다. 여름날 탁족(濯足)[6] 피서지로 그만이다. 5~6월 물이 철철 넘쳐흐르는 계곡의 바위주변으로 산목련 하얀 꽃봉오리를 볼 수 있다.

능동산은 영남알프스 중심으로 요충지다. 북쪽은 가지산·문복산, 북서쪽의 운문산·억산·구만산, 북동쪽 고헌산, 간월산·신불산·영축산이 남쪽, 재약산 사자봉·수미봉이 남서쪽에 있다. 가지산에서 낙동정맥[7]을 받아 간월산·영축산으로 맥(脈)을 이어주는 분수령, 산의 형상이 큰 언덕이나 왕릉처럼 보여 능동산(陵洞山)이 됐다.

6 온도와 신경에 민감한 발만 물에 담그는 전통적 피서 방식. 몸을 노출하는 것을 꺼렸다.
7 태백 구봉산(九峰山)에서 부산 몰운대(沒雲臺)에 이르는 산줄기 약370킬로미터.

능동산에서 평원 길을 걸어 얼음골 케이블카 승차장을 지나면서부터 군데군데 음산한 구간이 펼쳐진다. 셜록홈즈[8]의 추리소설 바스커빌의 개(The Hound of the Baskervilles)[9]에 나오는 무대 같은 곳이다. 서스펜스[10]와 공포로 음침한 안개 낀 황야, 헤쳐 나올 수 없는 위험한 늪, 여인의 흐느끼는 소리, 여기저기 폐허의 흔적들, 어느 종교의 성지 범골, 뼈대만 남은 흐트러진 건축물 잔해, 어설픈 미역줄나무 숲의 미로(迷路), 소름끼치는 분위기다.

명문가 바스커빌 집안 전설에 의하면 새 주인은 지옥에서 오는 개에 죽는다. 아무도 인정하려 들지 않지만 이미 늪지에서 미심쩍게 심장마비로 죽고, 뒤이어 가문의 유언과 황무지를 떠도는 불을 뿜는 개의 존재를 둘러싼 살인사건을 셜록홈즈가 해결한다.

소설의 줄거리다. 어쨌든 능동산은 수동적으로 끌려 다니다간 다른 산보다 기대 못 미쳐 평가절하 될 수 있으니 능동적인 생각으로 산행을 해야 그나마 위안이 된다. 영남알프스 가운데 오르기 제일 쉽다.

11시 50분 천황재, 주암계곡 갈림길(수미봉0.2·사자봉1.9·고사리분교1.4킬로미터) 두고 곧바로 재약산 수미봉(1,119미터), 정오다. 이곳에서 점심 도시락을 먹기로 했지만 다른 구간으로 올라오는 일행들과 연락하니 아직도 고사리분교터 근처라고 한다. 우리 팀은 멀고 힘든 구간을 올라왔는데도 저렇게 늦을 수 있나. 하는 수 없이 자리를 폈다.

"재약산은 영남알프스의 위치에서 한자 아래 하(下) 거꾸로 점 있는 곳입니다."
"무슨 뜻이죠?"

---

8 아서 코난 도일(Arthur Conan Doyle 1859~1930 스코틀랜드 수도 에든버러 출생)의 추리소설 주인공. 현재까지 창조한 캐릭터 가운데 가장 성공한 인물.

9 셜록홈즈 시리즈 중 가장 인기 있는 작품, 1901~1909년 잡지에 연재된 이래 1914년 독일에서 무성영화로 제작된 것을 시작으로 수많은 영화가 만들어졌다.

10 영화, 드라마, 소설 등에서 독자에게 주는 불안과 긴박감(suspense).

"……."

"운문산, 가지산, 고헌산이 윗부분, 내려오면서 간월산, 신불산, 영축산, 왼쪽으로 뻗친 것이 재약산."

"신라 화랑들과 조선시대 승병들이 수련한 장소로 사자평(獅子坪) 일대에 소나무 숲이 빼곡했으나, 일제강점기 때 스키장을 만든다며 무차별 벌목해버렸다고 합니다."

"나쁜 짓은 다 했네요."

"……."

동쪽에는 은빛물결 일렁이는 억새의 본향 사자평 억새밭, 6·25전쟁을 피해 피란 온 화전민들이 잡목과 억새를 태워 개간하며 살던 곳. 엄동설한 겨울엔 백설의 천지로 유명하다. 북쪽으로 능동산 방향 밀양 얼음골은 피서객들이 많이

오는 곳이다. 서쪽의 금강동천과 금강폭포, 남쪽 옥류동천 계곡의 층층폭포, 흑룡폭포 등 기암괴석으로 접근하기 어려운 절경이다.

오후 1시 40분, 고사리분교 쪽에서 올라온 일행들을 만나 수미봉에서 다 같이 사진 찍는다. 2시경 모두 진불암 방향으로 내려선다. 10분쯤 지나 갈림길에서 바라보는 경치는 빼어났다. 발밑으로 비틀린 나무와 기암절벽, 멀리 첩첩 산들과 맞닿은 하늘, 구름……. 2시 20분 또 갈림길(진불암0.1·표충사2킬로미터), 진불암 지나 바위에 앉아 나무들을 바라본다. 가을철 진불암으로 내려가는 구간은 그야말로 단풍이 단연 절색이다.

참나무와 소나무의 경계가 확연하게 나타난다.

"잠깐 여러분, 소나무가 올라왔을까? 참나무가 내려왔을까요?"

"……."

"참나무가 위로 올라가며 공격하는 중입니다."

소나무와 참나무는 매일 생존경쟁을 벌이고 있다. 소나무는 바위가 있는 높은 곳으로 밀려나고 참나무는 위로 가는 중이다. 햇빛을 좋아하는 소나무에 비해 참나무는 자라는 속도가 빠르고 그늘에 가려 자라지만 나중에는 더 빨리 커서 다른 나무들을 몰아낸다. 산성 땅의 소나무 대신 참나무 숲은 알칼리성 토양이다. 시간이 흐를수록 소나무는 더 밀려날 것이다.

황무지에 이끼류가 나타났다 풀과 억새의 초원, 키 작은 나무, 소나무 양수림을 지나 참나무가 섞인 혼효림, 마지막에 참나무 음수림으로 바뀌는 것을 천이(遷移. succession), 더 이상 변하지 않는 고정된 생물군집을 극상(極相 climax)이라 불린다.

오후 3시경 굴참나무 수형목(秀型木)지대, 수형목은 형질이 뛰어난 나무다. 자람이 좋고 줄기가 곧으며 가지가 적을 뿐 아니라 병해충 피해도 받지 않은 우수한 것이다. 산림품종관리센터의 채종림 지역이다. 굴참·사람주·당단풍·쪽동백나무들과 헤어져 내려간다. 뒤에 처진 일행들은 또 보이지 않는다.

"……."

"앞으로 산악회이름 바꿔야 해."

"희매가리 산악회로……."

"……."

"느려 터져도 산으로 가야돼. 산의 정기는 배터리를 충전시켜 준다고. 말없는 산이지만 산의 침묵은 위대한 언어입니다. 산에 오르며 묵언을 잘 들어봐. 외롭고 우울할 때 삶이 힘들어 지쳤을 때 산으로 가자 이겁니다."

"……."

오후 3시 30분 뒤에 오는 사람들 기다릴 겸 냉이를 캐다 3시 50분 원점으로 돌아왔다. 빤히 보이는 사자봉과 헤어져 배낭속의 쓰레기를 비운다.

탐방길

전체 9.6킬로미터·7시간 20분 정도

표충사주차장 → (30분)내원암 갈림길(절집구경지체) → (20분)한계암 → (40분)너덜지대 → (30분)철쭉·진달래군락지 → (35분)사자봉(천황산) 정상 → (45분)천황재 → (10분)수미봉(재약산)115분 휴식점심 → (15분)진불암 갈림길(휴식포함) → (50분)굴참나무 수형목지대 → (50분)표충사

※ 쉬엄쉬엄 느린 걸음의 산행시간

구름 위에 솟은 운악산

노랫가락 / 미륵 / 미륵바위 / 운악산 표지석 / 한북정맥 / 현등사 / 까막딱다구리

낙락장송 바위에 앉아 땀을 닦는다. 멀리 펼쳐진 산하, 상쾌한 바람과 흘러가는 강물, 파란 하늘 흰 구름, 산천이 서로 엉켜 있으니 온갖 나무들 더욱 푸르다. 잔을 들고 세상을 내려다보며 노랫가락 한 번 읊조리니 부러울 것 없다. 일세의 호걸들은 모두 어디로 갔나. 오늘 이런 호사를 누리는데 어떻게 호탕하지 않을 수 있겠는가?

춘천에서 이틀 밤 잤다. 폭염의 휴가철 8월 5일 월요일 게스트하우스 2층 로비에서 빵, 삶은 달걀을 가져왔다. 라면, 햇반을 곁들인 식사, 아침7시 출발 해서 경춘 국도를 달린다. 강촌, 가평, 청평을 지나 거의 1시간 달려 운악산 주차장이다.

강 건너 물안개 피어서 37도의 더위 속에 그나마 서늘함을 느낄 수 있다. 매표소에 포천과 가평의 경치를 물었더니 가평으로 오르는 운악산이 볼거리 많다고 일러준다. 곧장 삼충신 추모비, 일제 침략에 순국한 조병세, 민영환, 최익현 세 분을 기리는 삼충단이다. 현등사 일주문 올라가는 길은 소나무림인데 주변 풍광이 예사롭지 않아 이쪽으로 잘 왔다는 생각이 든다.

운악산 입구

조종천

8시 35분, 바람 한 점 없는 시멘트길 일주문에서 현등사 본당까지 거리가 되게 멀다. 오르막길 땀 뻘뻘 흘리며 오른쪽 등산길(현등사1.3·정상2.9킬로미터) 접어든다. 바로가면 사찰인데 내려오면서 들르기로 했다. 긴 나무계단 길 신갈·철쭉·진달래·개옻·팥배·싸리·쪽동백·노간주·당단풍·물푸레·소나무……. 산길에 무더기 떨어진 신갈나무 이파리는 아마도 도토리거위벌레 짓일 게다. 도토리에 알을 낳곤 열매와 잎이 달린 가지를 잘라 떨어뜨리면 부화된 어린벌레가 땅속으로 들어가 겨울을 난다. 열매를 솎아줘 해거리에 도움 되기도 한다.

쉰 살 나이 소나무와 신갈나무가 적당히 섞인 혼효림 산길 그늘이 반이다. 산 중턱엔 절집이 보이고 산 아래 물안개 드리운 역광이 만든 경치가 자못 엄전(嚴全)[1]하다. 화강암 마사토 지대에 다다른 건 9시경. 밧줄을 잡고 너럭바위 오르는데 발밑으로 땀 뚝뚝 떨어진다. 5분가량 지나 눈썹바위, “목욕하던 선녀의 치마를 훔쳤으나 덜컥 내주던 총각이 기다리다 바위가 되었다나.” 어차피 이야기니까 안내판에 대고 뭐랄 수도 없고…….

바위의 쇠줄을 잡고 왼쪽으로 조심조심 발을 딛는다. 생강·누리장·광대싸리·

1 몸가짐이 용렬(庸劣)하지 않고 점잖음.

현등사 입구

눈썹바위

국수나무, 너덜지대 지나 다시 밧줄구간. 9시 15분 말안장 지대 안부(鞍部)[2]에 잠시 쉰다. 이 높은 곳에 굴참나무 두 그루 자란다(운악산정상1.5·하판리[3]안내소 1.8킬로미터). 옷은 벌써 땀에 흠뻑 젖었고 물 몇 잔 마시는데 파리·개미·모기·날파리들 왱왱거려 오래 머물지 못하겠다.

구름위로 솟은 바위봉우리를 머릿속에 그리며 쇠줄을 잡고 오른다. 정상까지 아직 남은거리 1.5킬로미터, 9시 30분 쉬기 좋은 장소다. 아늑해서 불현듯 눕고 싶은 생각이 드는데 묏자리로 딱 좋겠다. 회양목·신갈·철쭉·진달래·소나무. 가쁜 숨을 몰아쉬며 서울의 도봉산 같은 바위산 다시 오른다. 이름값 하는 산. 흙 한줌 없는 바위에 뿌리를 박고 사는 거룩한 소나무에 예를 올리고 지난다.

15분 더 올라 낙락장송(落落長松)[4] 바위에 앉아 땀을 닦는다. 여름날 이만한 쉼터가 어디 있겠는가? 멀리 펼쳐진 산하, 상쾌한 바람과 흘러가는 강물, 파란 하늘 흰 구름, 산천이 서로 엉켜 있으니 온갖 나무들 더욱 푸르다. 잔을 들고 세

2 말안장 지대, 산마루 움푹 들어간 곳
3 안내판 기준(2016년11월 운악리로 바뀌었다).
4 가지가 길게 늘어진 키 큰 소나무(절개 굳은 사람).

상을 내려다보며 노랫가락[5] 한 번 읊조리니 부러울 것 없다. 일세의 호걸들은 모두 어디로 갔나. 오늘 이런 호사를 누리는데 어떻게 호탕하지 않을 수 있겠는가? 껄껄껄 너털웃음 한 번 날려본다.

"바람이 물소린가 물소리 바람인가, 석벽에 걸인 노송 움츠리고 춤을 추네. 백운이 허위적 거리고 창천에서 내리더라. / 금수강산 자리를 펴고 백두산 베고 누웠으니, 봉래산 제일봉에 일월성신이 춤을 춘다, 하해가 술이라면 세상은 모두 다 안주로다."

감상(感想)에 젖었다 일어서 또 바위산 오르며 머리 들어 하늘 올려다보니 우리도 모르게 와~ 감탄사 저절로 나온다. 10시 넘어 미륵바위가 보이는 곳. 가운데 우뚝 선 미륵, 오른쪽 봉우리는 칼을 세운 듯.

"왼쪽은 치맛자락 같다."
"아니, 선녀 치마다."
"……"

"보살님이 왜 이산에서 바위가 됐지?"
"……"
"부처를 기다리다 바위가 됐나봐. 눈썹바위처럼……"
"말세가 되면 마법 풀리듯 바위에서 깨어날 거야."
"……"

까르륵 거리며 산위로 까마귀 날고 쌕쌕이[6]는 파란하늘에 하얀 선을 그려놓고 지나간다. 병풍바위, 사방으로 병풍처럼 둘러친 바위들이 많지만 어쨌든 미

5 시조를 축소변형해서 곡을 얹어 부르는 경기민요. 원래 신령이나 혼을 부르고자 무당이 불렀으나 기생과 예인들에 의해 통속화 되었다.
6 6·25전쟁 후 우수한 전투기 도입, 기존성능에 비해 쌔액 하고 날아간다는 데서 유래된 것.

륵바위가 이산의 백미(白眉)[7]다.

조금 전부터 울던 까마귀는 이제 "악악악" 하고 운다.

"왜 저렇게 악을 쓰며 울지?"

"……"

"운악산 이라 악악악 운다."

"하하하 그렇군."

"……"

쇠줄 단단히 잡고 바위를 기어올라 10시 15분 드디어 미륵을 마주한다. 높이 150미터쯤 되겠다. 미륵은 다음 세상에 나타나 중생을 구제하는 보살이다. 모태어(母胎語) 미르는 고유한 우리말 용(龍), 러시아어 평화(Mir)를 의미한다. 전통적으로 하층민을 대변하는 절대자가 미륵불이었다. 말세에 구세주인 미륵이 세상에 오면 착취에서 벗어난 낙원(paradise)이 도래할 것으로 믿었다. 이에 편승한 민중지도자들은 굴곡의 전환기마다 자신이 미륵의 화신이라는 것. 산중 미륵절집들은 혁명을 표방한 민중항쟁(resistance)의 거점이 되기도 했다.

미륵바위에는 소나무와 하늘과 구름에 어우러져 운악(雲岳)을 만들었다. 바위, 구름, 하늘, 소나무와 어울리니 절경이 됐다. 나도 자연과 있으니 풍류가객이 된다. 그러기에 홀로 아름다울 수 없다. 모처럼 오늘은 산 한 개 찾았다. 입구에선 우습게 봤는데 들어올수록 깊고 높은 산. 구름이 산을 감돌아 신비감마저 느껴진다. 바위와 소나무가 어우러진 풍경, 오늘은 수묵화가 아니라 병풍을 둘러친 채색화다.

지금부터 숲 그늘 걷는데 살랑살랑 바람도 불어오고 매미소리 맴맴맴, 풀벌레소리도 치르르르 윙윙 운다. 국수·철쭉·잣·당단풍·신갈·개옻·소나무, 쪽동백나무는 유난히 나무껍질이 검다. 잠깐사이 작은 능선(하판리 안내소2.8킬로미터)

7 하얀 눈썹, 여럿 가운데 가장 뛰어난 것.

미륵바위

바위 소나무

병풍바위

에 닿고 옷이 젖어도 아랑곳없이 바위를 기어 숨이 차도록 오르는데 모처럼 보는 야생화 구릿대는 하얀 꽃을 피웠다. 위험한 구간에 말발굽모양 쇠는 정말 잘 박아 놨지만 미끄러우니 조심해야 한다. 헛디뎌 떨어지면 그대로 저승 가는 아찔한 바위산이다. 말 떨어지기 무섭게 10시 반 애석한 진혼비를 지나고 이제부턴 철제계단이다. 이 험준한 구간을 어떻게 개척했을까? 위를 보니 구름하늘로 오르는 것 같고 아래는 그야말로 바위절벽 낭떠러지다.

청룡능선

백호능선

햇볕 후끈 달은 바위에 노란 양지꽃이 피었다. 10시 40분 만경대, 멀리 구름과 안개서려 흐릿하다. 정오방향 연인산, 왼쪽으로 화악·명지산, 오른쪽 칼봉·매봉·깃대봉, 대금산, 왼쪽 계곡길이 일동방향이다. 만경대 노송아래 바위는 쉬기 좋은데 그냥 가자고 재촉한다. 바위 아래 260미터 표시는 잘못된 것 같다. 아마도 2.6킬로미터는 족히 될 것이다.

오르막길

운악산은 쉽게 오르는 것을 허락하지 않았다. 뙤약볕이 내리쬐는 10시 50분 937미터 정상(왼쪽 청룡능선 하판리안내소3·망경대0.1, 오른쪽 백호능선 하판리안내소3.3·절고개0.6, 현등사1.6킬로미터), 경기 가평군 조종면과 포천시 화현면의 경계를 이루며 남북으로 솟아 가평은 비로봉, 포천에선 동봉이다.

운악산 정상

산은 하나인데 경쟁하듯 표지석은 두 개다. 통일되게 한 개만 세웠으면 얼마나 보기 좋았을까? 산 아래 현등사가 있어 현등산으로 부르기도 한다. 저 너머 명성산, 북한산, 도봉산이 멀고 우리가 올라온 청룡능선 햇살에 신기루 같은 아지랑이 피어오른다. 11시경 정상아래 그늘에 앉아 엊저녁 춘천에서 사온 자두, 복숭아로 피로를 달랜다. 여기서 보니 기암괴석 봉우리가 구름을 뚫고 솟아 붙여진 산 이름이 실감난다. 현등사를 중심으로 왼쪽이 좌청룡 청룡능선, 오른쪽이 우백호인 백호능선이다. 백호능선으로 내려가면서 잠깐 사이 포천시 하현리 대원사 갈림길(하판리3.1·현등사1.4·정상 0.1킬로미터).

가평군 비로봉

포천시 동봉

이곳 한북정맥(漢北正脈)은 백두대간 추가령에서 갈라져 남쪽으로 한강과 임진강에 이르는 산줄기의 옛 이름이다. 강원·함남의 도계를 이루는 평강군 추가령(楸哥嶺)[8]에서 서남으로 뻗은 산줄기 294킬로미터 정도. 동쪽으로 회양·화천·가평·남양주 등 한강, 서쪽으로 평강·철원·포천·양주 등 임진강 유역. 남한에는 백운산, 운악산, 도봉산, 삼각산, 파주 교하 장명산까지 이어진다.

11시 20분 소나무 데크에서 남근석이라는 바위를 바라보다 신갈·싸리·철쭉·진달래·당단풍·물푸레·소나무, 둥굴레·사초, 능선 따라 신갈나무 숲길 정렬하듯 섰다. 멀리 포천 시가지, 북쪽으로 일동 시내 들판 조망이 시원스럽다. 포천 쪽 무지개폭포는 궁예가 피신하여 흐르는 물에 상처를 씻었다는 전설이 있다. 11시 반, 절 고개인데 바로가면 백호능선 방향(아기봉2.7·산달랭이5.8·상면봉수리

8 강원 평강군과 함남 안변군 사이의 재 이름. 서울·원산을 연결하는 좁고 길며 낮은 골짜기. 지형·지질상 남북을 나누는 구조선(構造線)을 추가령지구대라 한다.

바위를 파서 만든 돌계단

3.8킬로미터), 우리는 왼쪽(현등사1·하판리2.7킬로미터)으로 내려선다. 운악산 산행은 조종면 운악리 현등사, 포천 운주사에서 오르는 구간이 있으나 현등사 쪽으로 많이 오른다. 이산의 즐거움은 미륵바위를 우러러 보는 것과 낙락장송 바위에 앉아 세상을 굽어보는 것이 최고다. 화악·관악·감악·송악에 운악을 더해 경기오악으로 불리니 우뚝 솟은 골산(骨山) 운악산이 경기의 금강으로 불리는 까닭을 알 것 같다.

내려가는 길, 돌과 자갈이 깔린 석력지(石礫地) 근처에 고로쇠·산겨릅·물푸레·당단풍·신갈·고추나무. 회나무는 공처럼 생긴 푸른 열매를 대롱대롱 달았다. 층층·박달나무에 서서 한참 나뭇잎을 바라보다 어느덧 코끼리 바위. 이 산에 물이 귀한데 정오에 절고개 폭포를 만난다. 정오 무렵 현등사(하판리안내소1.8킬로미터), 등을 매단 절, 신라 법흥왕 때 창건, 고려 보조국사가 등불을 따라가서 중창한 사찰로 적멸보궁[9], 함허대사부도, 경기3대 기도성지[10]로 이름났다.

적멸보궁으로 오르는 길, 바위를 파서 돌계단을 만들었다. 만들었다기보다 디딤돌처럼 아로새겼다. 웅장한 건축물보다 훨씬 정겨운 맛이 난다. 섬돌에 앉아서 굽어보니 만고풍상 다 겪은 고송(古松)은 절집의 추녀를 가렸고 이따금 들리는 목탁소리가 산중의 적막을 깨뜨린다. 맞은편 산에 구름이 한가롭게 둥실 떴는데 한가롭지 못한 나는 세속을 떠날 수 없으니 제 몸 겨우 가누면서 휘어지도록 열매를 잔뜩 매단 쪽동백나무 꼭 내 짝 났다.

포탄 맞은 것 같이 소나무에 구멍이 뚫렸는데 까막딱따구리 서식지다. 옛날엔 오탁목(烏啄木)이라 불렀다. 까마귀, 크낙새와 비슷한데 몸이 검다. 수컷은 머리와 목 뒤가 붉고 암컷은 목뒤만 붉은색. 중부 이북의 깊은 산중에 사는 천연기념물로 지금은 희귀한 텃새가 됐다. 12시 30분 민영환 암각서를 지나 바위물 떨어지듯 좀작살나무 열매도 뚝뚝 듣는 듯하다. 계곡에 잠시 발을 담그고 요

9 불상없이 부처의 사리를 모시고 예배하는 법당(한국 최초라고 한다).

10 관악산 연주암, 강화 보문사, 가평 현등사.

란한 물소리 한결 상쾌하니 여름산행은 이런 맛에 즐거울 수밖에…….

물보라가 안개처럼 보인다는 무우폭포(舞雩瀑布)를 뒤로하고 오후 1시경 계곡하류에는 더위를 피한 사람들 소리가 물소리에 섞여 요란하다. 곧바로 왼쪽으로 눈썹바위 갈림길 여기서 정상까지 2.6킬로미터 거리다. 한북제일극락도량 일주문 지나서 주차장 지붕으로 사용하는 태양광발전시설까지 오는데 땡볕을 15분가량 걸었다. 잠시 도토리묵밥집 들렀다가 저녁 6시경 함양에 도착했다. 한여름의 세레나데(Serenade)[11], 먼 훗날 애틋한 추억이 되었다고 말할 수 있으리.

11 늦다는 뜻(Serus, 라틴어)에서 유래. 늦은 시각 연주하는 음악, 저녁의 음악. 연인의 창가에서 악기를 연주하며 부르는 낭만적 사랑 노래.

탐방길

정상까지 3킬로미터·2시간 45분, 전체 5시간 15분 정도

조종면 운악리 주차장 → (35분)현등사 일주문 → (30분)눈썹바위 → (40분)낙락장송 바위 → (30분)미륵바위 조망지점 → (25분)망경대 → (10분)정상 → (30분)소나무 데크 → (10분)절고개 갈림길 → (30분)현등사 → (30분)민영환 암각서 → (30분)계곡 폭포 → (15분) 주차장 원점회귀

※ 바위길 위험해서 기어오르듯 걸린 시간

가조 분지(盆地)의 산들, 우두산·비계산·미녀봉…

가야산맥과 가조 / 낙화유수 / 진달래 / 쑥부쟁이 / 고천원(高天原) / 은행나무 / 산목련 / 산철쭉 / 미녀봉 전설 / 개다래 / 실루엣

흐르는 물에 떨어지는 무정한 꽃이여, 수심도 하염없이 수십 갈래. 무슨 재주로 가는 봄을 잡아 둘 건가? 쏟아지는 물은 어찌 이다지도 급하며 저리도 바쁜지? 꽃처럼 고운 모습이라도 물같이 흐르는 세월 못 이기니 늙기는 쉽구나. 초목도 시절을 아는데 낙화유수는 자연의 질서 아니랴? 꽃잎을 띄워 한 잔 들이키니 물소리는 구슬 깨지는 것 같고 바위마다 물을 머금어 파릇한 빛을 띤다.

가조는 산으로 마치 성곽을 둘러친 듯한 분지, 가야산맥이 내려온 곳이다. 가야산, 우두산, 의상봉, 장군봉으로, 또 마장재, 비계산으로 솟구쳐 오도산, 미녀봉, 숙성산으로 이어진다. 가야산 서쪽으로는 두리봉, 목통령, 수도산까지 뻗어 양각산, 흰대미산, 보해산과 금귀봉, 박유산까지 연결된다. 거창이 덕유산이라면 가조는 가야산이다. 예로부터 가야산 인근이 십승지(十勝地)[1]로 이름났다.

신라 때 가소현(加召縣) 또는 함음(咸陰), 고려 초에 다시 가조(加祚)로 불렸다. 더할 가(加), 복 조(祚). 가조는 복을 더한다는 뜻이다. 길지(吉地)의 이름, 성경에 나오는 땅 가나안[2]에 버금간다는 것. 병자호란 때의 척화파 정온[3] 선생이 이 지역 출신이다.

1 영월 상동, 봉화 춘양(태백산), 보은 내속리·상주 화북(속리산), 공주 유구·마곡(계룡산), 영주 풍기(소백산), 예천 금당, 합천 가야(가야산), 무주 무풍(덕유산), 부안 변산(변산), 남원 운봉(지리산)

2 요르단 강 서부 지역(이스라엘·팔레스타인과 시리아·레바논 남부).

3 동계 정온(1569~1641) : 대제학을 지내며 최명길에 맞서 척화를 주장하다 인조의 삼전도 굴욕(청태종 앞에서 이마를 바닥에 대고 기던 일)에 할복하기도 했다.

진달래 천국 우두산 장군봉 길

10시 30분 주차장에 도착하니 어떤 산악회에서 돼지머리를 놓고 시산제를 지낸다. 오른쪽으로 가면 마장재 갈림길(의상봉2.2 · 마장재1.6 · 고견사1.2킬로미터), 일행은 고견사 방향으로 걸어 견암(見庵)폭포[4] 못미처 발길을 멈춘다.

산벚나무 꽃잎이 바람에 떨어지니 봄의 무상함은 꽃의 화려함이요, 단풍의 애틋함이 가을의 무상이라, 어쩌면 꽃 피는 이 시절이 제일 안타깝다. 그나마 벚나무에 비해 산벚나무 꽃은 늦게 피어 늦게 진다. 잠시 서서 울컥 인생무상을 느껴본다.

흐르는 물에 떨어지는 무정한 꽃이여, 수심(愁心)도 하염없이 수십 갈래. 무슨 재주로 가는 봄을 잡아 둘 건가? 쏟아지는 물은 어찌 이다지도 급하며 저리도 바쁜지? 꽃처럼 고운 모습이라도 물같이 흐르는 세월 못 이기니 늙기는 쉽구나. 초목(草木)도 시절을 아는데 낙화유수(落花流水)[5]는 자연의 질서 아니랴? 꽃잎을 띄워 한 잔 들이키니 물소리는 구슬 깨지는 것 같고 바위마다 물을 머금어 파릇한 빛을 띤다. 여기는 그 옛날 신선이 머물던 동천(洞天), 인간의 영역이 아니다. 물은 언덕을 당하면 흐름이 빠르고 평지를 만나면 천천히 흘러 형세에 따르니 모두가 물외한인(物外閑人)[6]이라.

"……"

"오늘은 제 허락 없이 아프거나 늙지 말고 신선이 됩시다."

"……"

"속세를 초월하여 한가로우면 신선이요, 분주하게 돌아다니면 속된 사람이다."

"……"

"안 돌아다니면 누가 처자식을 먹여 살리지?"

---

4 고견폭포라 불리기도 한다. 약1킬로미터 위에 있는 고견사에서 유래된 것. 견암사로도 불렸다.

5 흐르는 물에 떨어지는 꽃. 가는 봄의 경치, 꽃은 물이 흐르는 대로 가기를 바라고, 물은 꽃을 싣고 흐르기를 바란다는 뜻에서 남녀 간 그리워하는 애틋한 정에 비유.

6 세상의 시끄러움에서 벗어나 한가하게 지내는 사람.

장군봉 가는 길에서 만난 진달래꽃

대뜸 반격하고 나온다.

30분 지나 신라사찰 고견사(古見寺)에 닿는다. 생전에 원효가 와본 곳이라 고견사라 이름 지었고, 은행나무가 천년 주인이다. 어젯밤 꽃비의 향우주(香雨酒)에 절집의 물맛은 감로수, 한 통 채우고 1킬로 남짓한 의상봉을 향해 오른다. 연분홍 꽃 산벚나무는 산사에 병풍을 두른 듯 그야말로 취병(翠屛)[7], 바위와 돌로 만들어진 산길에 현호색, 산괴불주머니 노란꽃이 병아리 입 마냥 앙증스럽다. 11시 반쯤 고갯마루 갈림길(장군봉2.4 · 고견사0.7 · 의상봉0.3)에 닿으니 봉우리 우뚝 섰다. 먼저 온 십 수 명의 등산객들은 의상봉으로 갈 듯 한데, 우린 반대쪽인 장군봉으로 오른다.

지금부턴 진달래 나라로 온 것이다. 길이며 바위며 능선 따라 만발한 진달래, 꽃잎을 따서 먹으니 알싸한 꽃 맛! 삼짇날 화전(花煎)놀이 시절은 전설이 됐다. 참꽃, 두견화(杜鵑花), 진달래꽃으로 빚은 술을 두견주라 하고, 꽃잎은 꿀에 재

7 비취색 병풍, 나무를 활용해 만든 생울타리.

분지너머 미녀봉

멀리 박유산

어 천식에 먹는다. 이처럼 먹을 수 있고 약에도 썼기에 참꽃, 독성이 강해 먹을 수 없는 분홍색 철쭉과 꽃잎이 크고 반점 있는 수달래 산철쭉을 일컬어 개꽃이라 불렀다. 진달래는 산성 땅에 잘 자라고 기침·가래·천식·고혈압·생리불순에 썼다.

11시 30분 갈림길(주차장2.1 · 장군봉2.1 · 의상봉0.6킬로미터), 흐리고 바람 불어 춥다. 10여분 걸어 의상봉, 마장재가 잘 보인 듯싶더니, 진달래에 취해 길을 잘못 들어 바위길 한참 지난다. 12시 무렵 지남산(1.015미터)을 지나고 꽃잎이 얼마나 다닥다닥 붙었는지 좀 솎아줘야겠다는 생각으로 입술이 검붉도록 따 먹는다. 웽웽거리는 벌 소리 요란한데 엄지만한 말벌이 꽃잎사이로 왔다 갔다 한다. "그만 먹어" 하는 것 같아서 황급히 멈췄다. 온 산 진달래는 절정. 아침에 집을 나서면서 타이어 펑크 때문에 남쪽으로 가려던 계획이 갑자기 바뀌었으니, 진달래 보너스를 톡톡히 받은 셈, 분홍 꽃에 묻힌 오늘 산행은 덤이다. 살다보면 이런 유쾌한 날도 있으니 인생 즐길 만하지 않은가?

12시 40분 주차장 내려가는 갈림길(의상봉2.7 · 장군봉0.12 · 주차장2.5)을 지나 바로 장군봉(953미터)이다. 스테인리스 표지인데 눈이 부셔 마뜩찮다. 발아래 온갖 집들이며 길, 자동차, 바람, 먼지…. 분주한 세상이 흘러가고 멀리 비계산, 미녀봉, 박유산, 금귀봉, 보해산이 한 눈에 보인다. 점심을 위해 바위에 앉았으나 한줄기 일진광풍(一陣狂風), 겨우 요기만 한다. 오후 1시에 내려가는데 15분 쯤 내려서니 바리봉 갈림길(바리봉 주차장2.4 · 주차장2.3 · 장군봉0.3 · 당동2.5킬로미터)에서 왼쪽 계곡길로 간다. 산나물에 눈 밝은 친구는 까칠까칠한 쑥을 뜯는데 까실쑥부쟁이다.

옛날 가난한 불쟁이 처녀는 병든 어머니 대신 쑥을 뜯어 동생들을 먹였다. 어느 날 쫓기던 사슴을 살려주고 함정에 빠진 사냥꾼을 구해 치료까지 해 주지만 상사병에 걸리고 만다. 산신령께 빌었더니 사슴이 나타나 소원 세 개만 들어주는 구슬을 주는데, 맨 먼저 어머니를 낫게 했고 두 번째 구슬로 사냥꾼을 오게 했으나, 이미 처자(妻子)가 있는 몸이라 세 번째 구슬로 다시 돌려보내고 만다. 상심한 처녀는 절벽에 몸을 던졌는데 그 자리에 이상한 풀이 생겨 사람들은 쑥부쟁이라 불렀다.

쑥부쟁이 가지 끝이 여러 갈래 나눠지는 것은 배고픈 동생들이 많이 먹을 수 있도록 배려한 것이라 한다. 꽃말이 그리움, 부지깽이, 쑥취도 비슷한 이름이고 모두 들국화로 부른다. 꽃의 색깔에 따라서 노란색은 산국 · 감국, 흰색이나 분홍은 구절초, 연보라는 쑥부쟁이, 개미취 종류다. 국화과 식물이 많지만 까실쑥부쟁이는 산에서 많이 자라므로 잎이 톱니처럼 까칠까칠하고, 들나물인 쑥부쟁이 잎은 가장자리가 보통 밋밋한 것으로 구분한다.

1시 30분 숲속에 갈림길이 있지만 안내표지는 없고 장군봉 의상봉 가는 길이라 추정만 한다. 솔숲이 뙤약볕으로 가는 바리봉보다 낫다 오후 2시 층층나무 어린 새순, 병꽃도 꽃망울 맺었고 대팻집나무 하얀 꽃도 좋다. 계곡물이 졸졸졸 흐른다. 여름 한 철 오고 싶은 곳, 5분쯤 더 내려서니 갈림길 바리봉(장군봉2.3·장군봉2.2·주차장0.4킬로미터), 벚꽃이 눈처럼 떨어진다. 꽃비가 아닌 꽃눈이다. 바디나물을 바라보다 어느덧 오후 2시 20분 무덤 앞에 잠시 쉬고 주차장에 내려선다.

무시무시한 비계산(飛鷄山)

날개를 펴고 날아가는 닭의 형상 비계산이다. 산행은 합천과 가조 경계 국도변에서 시작할 수 있지만, 대구·광주고속도로 광주방향 거창 휴게소에서 바로 올라간다. 휴게소에 차를 오래두면 안될 것 같아 고속도로 안내소에 물어보니 24시간까지 괜찮다고 한다. 휴게소 뒷길로 5분쯤 올라가는데 작은 안내판이 보였다. 정상까지 3.7킬로미터. 경사가 급해서 40~60도는 될 것이다. 어느 고대시대에 쌓은 토성(土城)을 걸어 오르는 기분, 좁은 산길에 기린초 노랗게 잘 피었다. 군락지라 해야 되겠지. 비계산은 거창 가조와 합천 가야에 걸쳐 있다. 북쪽 우두산 줄기가 남으로 이어져 장군봉과 함께 금관을 쓴 닭의 형상으로 고견사는 심장부분, 바람이 세서 남서쪽 밑에 바람굴(風穴)이 있다.

길옆에 죽 늘어선 연초록 풀과 꽃들, 발밑에는 뾰족한 돌들이 차인다. 인적 없는 컴컴한 산길 오로지 두 사람. 인생은 혼자 살아가지만 인연을 씌워 둘이 촌수도 없이 하나로 형식화된 것. 그런데 이 무시무시한 산은 우리와 몇 촌쯤 될까? 아무래도 사촌 안에 들지는 않을 것이다. 일직선으로 곧추선 산길을 따라 1시간 넘게 오르니 갈림길이다. 돌이 많이 흩어져 비탈인 너덜이 많은 산이다. 비계산 정상이 아직도 1.6킬로, 휴게소에서 2.1킬로미터 땀을 뻘뻘 흘리며 올라왔다. 그래도 지금부터는 능선을 타고 걸으니 힘은 덜 수 있으리라. 저 멀리 보이는 바위능선의 파노라마, 오도산·미녀봉·박유산·금귀봉·보해산·장군봉·의상봉·우두산 등 여러 산들이 분화구 같은 들판을 둘러쳤다.

박유산(朴儒山 712미터)·금귀봉(金貴峰837미터) 너머 남쪽으로 남덕유산, 지리산, 왼쪽으로 황매산을 볼 수 있다. 박유산 올라가는 길에 오리농장이 많은데 정상에 닿으면 가조분지 조망이 색다르다. 금귀봉은 귀한 산이라는 뜻, 탕건처럼 생겨 탕건산, 거북이 형상이라 금구산(金龜山), 봉수산(烽燧山)이라고도 한다. 분지 중심에 솟아 있는 정상에 봉수대의 흔적이 있었는데 남해 금산을 기점

금귀봉 너머 산들

금귀봉 정상

박유산에서 바라본 우두산, 비계산

으로 사천·진주·단성·삼가·합천·대덕산과 조령을 넘어 서울 남산으로 이어졌다. 지금은 산불감시초소, 내려오면서 샘터·산성·절터의 흔적을 볼 수 있다.

진행방향 왼쪽으로 마장재 갈림길 팻말이 서있다. 여기서부터 5.7킬로미터, 가야산이 아스라이 보이고 산 아래 보이는 마을은 합천 가야쯤 될 것이다. 연못이 있고 물을 가득담은 논들마다 반찬통처럼 네모반듯하다. 햇볕을 가리지 못하는 능선부의 작은 나무들은 허리에 스친다. 따가운 햇살, 저 멀리 한적한 고속도로는 길게 뻗은 철로처럼 보인다. 이 산에는 곳곳마다 기화이초, 산목련·돌마타리·민백미꽃·꿀풀·수수꽃다리……. 정상을 앞에 두고 짧은 구름다리를 지난다. 눈 위로 보이는 산은 왜 이토록 험상궂게 생겼을까? 대구방향 고속도로에서 바라보면 마치 거대한 짐승이 왼쪽으로 목을 돌린 모습이다. 구름도 희뿌옇게 모여들다 흩어진다. 오른쪽으로 보이는 것이 오도산·미녀봉이다. 1,130미터 정상에 오르니 거창과 합천에 맞닿은 바위들이 위험한 절벽과 우람한 봉우리를 만들고 있었다.

선녀를 만나러 가는 길 우두산 의상봉, 마장재

유월의 숲은 어느새 짙은 초록, 일행 중 한 사람도 빠짐없이 참가한 산행이다. 고견사 입구 주차장에 도착한 시간이 아침 8시, 벌써 등산길 입구에는 시골 할머니들이 길섶에 앉아 푸성귀를 팔고 있다. 다래 순, 머위, 참나물……. 호텔 못지않은 화장실을 나오면서 고천원(高天原) 안내판에 일본서기가 어쩌고저쩌고 적혔는데 이곳은 일본의 태양신이 놀던 신성한 장소로 쫓겨났다는 것이다. 의도가 불순하니 견강부회(牽强附會)[8], 그들은 신화를 만들기 위해 이른바 고천원이 일본은 물론, 바빌론·동남아·중국·한국에까지 있었다는 주장이 황당무계한 날조라고 믿고 싶지만 개운치 않은 데가 있다. 폐교된 인근 대학에 제사까지

고견사

8 가당치도 않은 말을 억지로 끌어 대어 자기주장에 맞도록 함.

지내러 온다니 참 대단한 사람들이다. 유사 이래 우리나라를 얼마나 괴롭혀 오죽했으면 제창군이라 했을까? 잦은 왜구의 출몰로 고려 때는 아예 남해안 섬 지역 주민들을 육지로 옮겨 살게 했는데 이른바 공도(空島)정책이다. 조선 태종 때까지 거제도 주민들이 거창에 옮겨와 살았다. 거제와 거창을 합쳐 제창(濟昌)군이라고 했다. 왼쪽으로 오르면 장군봉이고 직진방향이 고견사와 우두봉이다. 어디로 가거나 만날 수 있지만, 오늘은 모두 왔으니 쉬운 산행을 하자고 했다.

계곡에는 물소리. 졸졸졸 내려오는 돌 사이를 지나니 쏴~아 바위에서 쏟아지는 폭포는 한결 운치 있다. 모처럼 신이 나서 저마다 앞서 간다. 저러다 길을 놓치지 않을까 걱정되지만……. 돌과 바위로 이어진 길 20분 오르니 비목나무 고목 앞에 우두산 고견사(牛頭山 古見寺)다.

"옛적에 본 기억이 있는 절."

거창군 가조면 수월리에 있는 해인사 말사로 신라 애장왕 때 창건, 의상대사가 참선하던 의상봉이 솟아 있다. 최치원이 심었다는 은행나무 아래서 쉰다. 보호수 표지석이 있는데 나이는 1,000년으로 되어 있다.

"……"

"은행나무는 화석 식물."

양평 용문사에 있는 것이 1,100년, 학명이 징코 빌로바(Ginkgo biloba)."

고견사 은행나무

갈림길

"……"

"한때 징코민은 성인병 치료의 대명사였습니다. 은행나무 밑에 있으면 당뇨병, 동맥경화, 심장병, 암 등 성인병에 좋으니 오래 앉아 계시기 바랍니다."

"……"

"산에 안 가고 하루 종일 나무 밑에만 있겠습니다."

"……"

묵묵히 듣고 있던 일행이다.

한 바탕 웃고 배낭을 멘다.

은빛살구 은행(銀杏)은 중국원산으로 손자 대(代)에 가서야 열매를 볼 수 있어 공손수(公孫樹), 잎이 오리발을 닮아 압각수(鴨脚樹)라고도 한다. 가로수로 심었지만 열매껍질에 점액질 성분(bilobol)과 은행산(ginkgoic acid)으로 냄새가 심하다. 요즘은 유전자감식으로 수나무만 골라서 심는다. 잎이 넓은 나무는 활엽수 인데 은행나무는 겉씨식물(裸子植物)이기 때문에 침엽수로 분류한다.

산중의 절마다 길을 내고 세력을 확장하는데 고견사에는 차가 들어갈 수 없다. 짐을 실어 나르는 길옆의 모노레일이 있을 뿐, 누구나 걸어 올라야 한다. 그러나 이 무욕(無慾)의 절집이 얼마나 가려는지 모르겠지만 때 묻지 않은 곳이라 생각하니 마당에 있는 전나무, 소나무, 돌멩이 하나까지도 소중하게 다가온다.

"……"

맥고(麥藁)[9] 모자 쓴 보살님들이 풀을 뽑다가 길을 비켜준다.

"잘 다녀오세요."

"방해 해서 미안합니다."

고견사에서 샘터를 거쳐 안부(鞍部) 능선 재까지 30여분, 전력 질주 했더니 온몸에 땀이 흐른다. 배낭에는 도시락, 물통, 비옷, 신문지, 나침반, 호각, 타박상 스프레이……. 오늘은 일행들 위해 먹거리까지 많이 넣어서 20킬로그램은 더 될 것이다.

수줍은 꽃을 보려 숨 가쁘게 올라왔다. 외딴 산속, 눈앞에 백옥이다. 예닐곱 개 꽃잎 안에 자주색 꽃술을 달고 수줍은 듯 고개 숙인 봉오리, 넓은 잎에 가려져 있는데 선녀화(仙女花)·천녀화(天女花)다. 아름다우면 시샘한다더니 순백색 봉오리 파 먹힌 꽃잎들이 떨어져 있다. 이토록 처절하게 당했을까? 겁탈이다. 봉오리마다 구멍이 뚫려 있는데 하얀 잎 젖혀보니 연녹색 벌레가 꽃술을 파먹는다. 나뭇가지로 툭 털어도 오히려 실을 토해 매달린다. 나비목 애벌레들. 산목련은 목련 과(科) 넓은잎나무로 개목련·목란(木蘭)·함박꽃나무라고 한다. 그늘진 산골짜기에 잘 자란다. 이른 봄에 피는 목련에 비해 5~6월에 자주색 수술을 달고 아래를 향해 핀다. 가을 무렵 울룩불룩한 타원형 열매가 검붉게 익고 가지는 쉽게 꺾인다. 꽃봉오리를 신이(辛夷)라 하는데 술독·혈압·비염·기침·가래·생리통에 달여 마시면 좋다. 절개를 지키는 나무로 옮겨 심으면 죽는다. 북

9 말린 보리 짚.

산목련

산철쭉

마장재

우두산

한에서는 1991년 진달래에서 나라꽃으로 바꿨다. 이 나무를 보면 참 많은 것을 생각나게 하는데 향이 짙어 발길을 옮기기 어렵다.

우두산 능선 안부(鞍部)에서 만나기로 했지만 한사람 보이지 않는다. 먼저 장군봉으로 갔다고 한다. 대뜸 전화를 걸자 벌써 의상봉이라는 것. 단체산행에서 절대 개인행동 하지 말라고 일렀다. 하여튼 나무계단 지점에서 다시 만나 의상봉 정상(1,038미터)에 올라서니 가야산, 덕유산, 지리산, 장군봉, 비계산, 미녀봉이 한눈에 들어온다. 표지석 옆 바위에서 한 숨 돌리며 우리가 가야할 동쪽 마장재 능선을 가리켰다. 다시 계단을 내려서면서 능선 따라 걷는 길, 참나무 숲이 시원해서 상봉 가는 길은 다소 가파르지만 힘이 덜 든다. 의상봉에서 동북쪽

의상봉

으로 20분 정도 지나 상봉이다. 우두산은 가조와 가북면에 걸쳐 정상이 소머리를 닮았다. 상봉이 주봉(1,046미터), 별유산(別有山)이라고도 한다. 기념사진 찍고 멀리 가야산을 바라보니 하늘은 옅은 안개처럼 부옇다. 상봉과 마장재 구간의 암릉과 기암괴석은 좋지만 벌써 산철쭉이 다 지고 말았다. 이맘때 비계산 갈림길 마장재 일대의 철쭉이 장관인데 길옆에 몇 송이 뿐…….

"섭섭하다고 몇 개 남겼다."

"……"

따라 오던 친구 뒤로 저 멀리 바위산이 안타까움을 대신해 준다. 산철쭉은 진달래과로 척촉(躑躅 머뭇거림), 수달래, 개꽃으로 불리고 꿀을 빨려고 달려든 벌들은 금방 죽었다 깨거나 양들이 먹으면 머뭇거리거나 비틀거린다는 것이 척촉이다. 붉은색 꽃에는 검은 반점이 있고 5월에 꽃이 피는데 독성이 있다. 올해는 4~5월부터 더웠으니 일찍 피고만 것이다. 우여곡절 끝에 일행 중 4명만 완주하고 다른 이들은 지름길로 내려와 이미 계곡입구에서 자리를 펴 놓고 있다. 무작정 앞사람 보고 따라 걷다 상봉에서 바로 내려왔다는 것이다.

날마다 유혹하는 미녀봉

일요일 아침 7시 30분 석강리 농공단지에 관광버스가 와서 여성들을 내려놓는다. 여기는 유명한 식품공장이다. 쉬지 못하고 일하러 오는 사람들에 비하면 공사 때문에 진입로를 못 찾는다고 투덜댈 일은 아니지….

집에서 6시 반에 출발해서 일찍 산 밑에 도착했지만 30분 동안 마을을 헤맸다. 거창 가조 음기마을을 들머리로 산행시작, 아직 안개가 덜 걷힌 들판을 오르고 있다. 달맞이꽃, 닭의장풀, 개망초… 온갖 풀들이 제철을 만나 저마다 기세를 뽐낸다. 사진기를 들고 멀리 보이는 안개 산을 연신 눌러댔다. 산에 걸린 구름과 안개들, 산행하기 딱 좋지만 너무 가려져 있으니 아쉽기도 하고, 렌즈를 닫으려는데 마침 귀여운 청개구리가 달맞이 잎에 앉아있다. 앙증맞은 손이며 발가락 같이 생긴 물갈퀴, 셔터를 몇 번 더 눌렀다. 음기마을 입구에서 상수리나무 고목까지 거의 40분 정도 걸어 올라왔다. 농공단지 뒤편 소나무 숲길로 오르지 못한 것이 아쉬웠지만 내려갈 때를 기약하고 한 숨 돌리는데 시원한 샘물이 일행을 반겨준다. 길섶의 산수국이 옹기종기 피었고 물맛은 최고다. 이름하여 유방샘이라, 단숨에 벌컥 마시고 빈병에도 가득 채워 둘러가는 길이지만 머리바위 쪽으로 오른다.

청개구리

까마득한 산꼭대기 한 줄기 구름이 흘러간다. 하늘너머 가는 길, 우리는 선남선녀 되어 구름 속에 있으니 여기가 도솔천 아니고 무엇이랴? 하루가 인간세상 4백수이니 발아래는 벌써 20년은 흘렀으리라.

유방샘

깎아지른 비탈길 오르니 땀이 줄줄 흐른다. 닦아도 다시 흐르는 땀, 오도산 자연휴양림 갈림길이 나타나자 다소 완만한 능선길인 듯싶더니 어느덧 바위산이다. 머리바위, 눈썹바위, 코바위, 입바위를 지나 가파른 계단 밟으며 유방봉에 올랐다. 봉긋한 젖무덤의 에로틱한 상상을 빼앗으며 앙칼진 돌부리가 허벅지를 찌른다. 하마터면 다칠 뻔 했다. 바위에 오르니 마치 유두마냥 볼록한 바위가 인상적이다. 저 멀리 산 아래 보이는 집들과 들판, 길, 나무 구름들…, 모든 것은 저마다 제자리에서 정겨운 풍경을 만들어 주고 있다. 동서를 가로지르는 고속도로를 따라가는 장난감 같은 차량들 주변으로 둥그렇게 서있는 우두산, 비계산, 보해산……. 커다란 병풍을 만들었다.

음기마을에서 헬기장 나무그늘을 지나 전망 좋은 봉우리(805봉)까지 2시간 넘게 걸렸다. 오른쪽으로 걸으면 미녀봉 정상이요 왼쪽으로 내려서면 다시 유방샘 1.5킬로미터, 잠시 짐을 내려놓고 물을 마신다. 배꼽부위를 밟으면서 걸으니 왠지 발걸음 조심스러워지는데,

유방봉 너머 가조분지

"……"

"미녀봉에 미녀가 오니까 힘이 넘친다."

"……"

"김 선생이다."

"글쎄?"

문재산 미녀봉

미녀봉에 오르려니 나는 더 힘이 들고 능선길 따라 신갈나무, 다릅나무, 생강나무, 미역줄나무는 하얗게 꽃을 피우고 있다. 저 멀리 터미네이터 같은 철 구조물 보이는 곳이 오도산 정상. 10분 정도 걸으니 문제 있는 문재산이다. 미녀를 만나러 왔건만 미녀봉의 거룩한 방명(芳名)은 괄호 속에 있고 해발 933미터 문재산이다.

미녀봉의 기대와 명성에 비하면 정상의 표지는 용렬(庸劣)한 수준이다. 그렇지만 오도재, 오도산의 큼직하고 굵은 이정표를 위안 삼아 사진 한 번 찍고 곧장 돌아서 내려간다.

산 아래 마음씨 고운 처녀가 살고 있었는데 오랫동안 병석에 누운 어머니에게 정성을 다해 보살폈지만 좀처럼 낫지 않았다. 가난해서 약은 쓸 수도 없는 처지였기에 아침저녁으로 산신에게 치성을 올리며 완쾌를 빌었다. 어느날 어떤 노파가 이르기를 뒷산에 신기한 약초가 있는데 달여 먹이면 병을 고칠 수 있지만 한 번 갔던 사람은 살아오지 못한다고 했다. 그러나 처녀는 위험을 무릅쓰고 산으로 올라갔다. 온 산을 뒤진 끝에 처녀의 눈에 약초가 보였고 약초를 캐는 순간 구렁이에게 물려죽고 말았다.

효심에 감동한 산신이 죽은 처녀의 형상을 본떠 산을 만들었다. 잉태한 모습이라는데 유방샘 근처 수국이 석녀(石女)의 꽃이고 보면 두 손을 나란히 배에 포개고 있다는 표현이 맞을 것이다.

내려가면서 왼쪽 계곡은 오도산 자연휴양림이요 오른쪽은 비계산 자락이 훤히 보인다. 갈림길 있는 지점에 중년의 내외가 먼저 와 쉬고 있다.
"안녕하세요?"
"……"
"감사합니다."
금방 자리를 비켜준다. 그들은 오도재 방향으로 간다고 했다.
손목시계는 10시 40분, 우리는 산 아래 세상을 보면서 도시락을 먹는다. 새벽

6시 반에 출발했으니 아침식사라 해야 맞겠다.

3~40분 곧장 가는 길이 유방샘인데 내리막길 한참 지나니 왼쪽에 있는 하얀 꽃무더기를 보라고 손짓한다. 이파리에 흰색 라커를 뿌린 듯 선명하다. 빛이 반사돼서 그럴까? 궁금해서 못 견디겠는데 친구는 길이 험하다며 붙잡지만 나의 호기심은 이길 수 없었다. 돌무더기를 지나 가까이서 살펴보니 그야말로 흰 빛. 세 개의 열매를 달고 마른등걸을 감싸고 올라간 이파리…….

"무슨 꽃이야?"

"개다래다."

"이게 뭐 다래야?"

"다래 맞다."

이파리 흰 것에 대한 설명은 그만두기로 했다.

개다래는 우리나라의 깊은 산속 나무 밑이나 계곡에서 자란다. 키는 5~6미터로 잔가지에는 어릴 때 연한 갈색 털이 나는데 어긋나는 잎은 넓은 달걀 모

개다래

양으로 끝이 점점 뾰족해진다. 6~7월에 흰 꽃이 피고 누런 열매는 먹을 수 있으나 혓바닥이 아리다. 벌레가 붙어 이상한 모양으로 달린 충영(蟲癭)[10]을 목천료(木天蓼)라 하는데 약으로 쓴다. 개 이름이 붙으면 본래 보다 못하다는 의미지만 개다래는 신장에 명약이라고 한다. 동물들이 먹으면 흥분작용을 일으켜 즐거워하고 "우는 아기는 젖, 고양이는 목천료" 라는 말이 있을 정도로 고양이 과(科) 뿐 아니라 여우, 개, 토끼에게도 치료약으로 썼다고 알려져 있다. 통풍에 열매나 충영이 혈액 속의 요산수치를 낮출 수 있다. 잎은 나물로 수액은 천연음료, 열매는 입맛을 돋우고 뿌리는 항암제로 쓴다.

최저 혈압이 높은 것은 체내 단백질이 내려가지 않더라도 신장기능이 나빠졌다는 것. 개다래에 감초를 매일 달여 먹으면 혈압이 내려간다고 한다. 인공음료를 줄이는 이유가 신장기능 유지와 상관성이 있다는 것은 틀린 말이 아니다. 다래와 쥐다래는 골속이 갈색이고 개다래는 흰빛이다. 골속을 수(髓)라고 하는데 동물로 치면 골수를 의미한다.

영양결핍으로 기온이 안 맞거나 스트레스를 받으면 꽃이 작고 향기도 진하지 않아 수정을 하기 어려우므로 개다래는 곤충을 불러들이기 위해 스스로 흰빛을 낸다. 열매가 맺히면 원래 색으로 돌아가는데 바이러스에서 원인을 찾는다. 백화(白化)현상의 생식원리가 섬뜩할 정도다.

미녀봉은 가히 절색이다. 홀린 듯 이 산에 수없이 올랐다. 산 아래서 쳐다보면 머리카락을 길게 늘어뜨리고 누워서 이마, 눈썹, 오뚝한 콧날, 입, 가슴, 울룩불룩한 곡선미로 뭇 사람들을 유혹한다. 고속도로 대구방향 가조 나들목 못 미쳐 오른쪽에 언뜻 보이는 실루엣[11]이 압권이다.

---

10 식물의 줄기나 잎, 뿌리에서 볼 수 있는 비정상적인 벌레 혹. 곤충, 균류 등의 기생에 의한 자극으로 생기는데 개다래나무는 진딧물이 수술아래 씨방에 알을 낳으면 씨방이 이상 발육하여 울룩불룩한 벌레 혹이 생긴다.

11 실루엣(silhouette) : 윤곽의 안을 검게 칠한 얼굴이나 그림, 옷의 전체적인 외형, 그림자, 그림만으로 표현하는 영화 장면 등

미녀봉의 실루엣, 오른쪽이 머리

다시 유방샘을 지나 잠깐 내려서니 100살 더 먹은 상수리나무이다. 예사롭지 않다. 부끄러운 부분을 가리기 위해 일부러 심은 듯. 산 전체가 통째로 여자인 산, 유방샘에서 흘러내린 물이 음기·양기마을로 흘러들어 마을의 젖줄이 됐다. 내려갈 때는 확실히 솔숲을 택해서 걷는다. 산길에는 개망초 꽃이 올망졸망 하얗게 피었고 햇살이 따갑다. 농공단지 거의 다 왔을 때 반사적으로 몇 발자국 앞서가던 이들을 불렀다.

"이리 와 봐요."

"……"

김 선생 혼자서 되돌아오는데

"무슨 나무?"

"……"

"화살나무."

마지못해 걸어오는 친구는 퉁명스레 대답한다.

"기생집 개 삼년에 장단 맞춘다고……."

음기마을의 미녀봉

"……"

농공단지 시멘트 길은 덥다. 10여분 걸어가니 차안에는 열기로 가득하다. 창문을 확 열어 놓고 느티나무 밑에 앉아 더위를 식히고 있다. 김 선생님 일해야 되니 그만 돌아가자고 한다. 에어컨 대신 창문을 열고 시골길을 달려간다. 풀 냄새가 좋다. 멀리 보이는 미녀봉을 쳐다보다 그만 고속도로 통행로를 놓치고 말았다.

탐방길

우두산 장군봉 구간(원점회귀 7.2킬로미터 5시간 정도)

주차장 → (20분)견암폭포 → (5분)고견사 → (30분)능선갈림길 → (20분)의상봉 → (70분)지남산 → (50분)장군재 윗길 갈림길 → (20분)장군봉 → (40분)바리봉(전망 좋음) → (40분) 계곡 갈림길 → (10분)주차장 원점회귀

비계산 구간(정상까지 3.7킬로미터 2시간 20분 정도)

거창휴게소 → (60분)범봉 삼거리 → (20분)의상봉 삼거리 → (60분)비계산 정상

우두산 의상봉, 마장재 구간(원점회귀 5.8킬로미터 3시간 정도)

주차장 → (20분)견암폭포 → (5분)고견사 → (30분)능선갈림길 → (20분)의상봉 → (20분)상봉(정상)→ (60분)마장재 → (30분)주차장 원점회귀

미녀봉 구간(원점회귀 6.8킬로미터 4시간 20분 정도)

음기마을·석강농공단지 → (50분)참나무쉼터 → (20분)유방샘 → (30분)능선길 → (20분)유방봉 → (30분)미녀봉 → (30분)갈림길 → (40분)유방샘 → (10분)참나무 쉼터 → (30분)음기마을 원점회귀

보해산 구간(6시간 정도 불투명한 산길)

거기2구 마을 → (90분)금귀봉 → (120분)보해산 → (180분)주상면 남산2리 저수지

금귀봉 구간(5시간 정도 불투명한 산길)

등산로 입구 → (50분)측량기준점(528미터) → (45분)임도길 → (45분)금귀봉(837미터) → (15분)참나무 바위지대 → (45분)감태나무 군락지 → (5분)김해김씨묘 쌍분(점심25분) → (55분)거창신씨 재실(남하면 둔마리)

박유산 구간(정상까지 40분, 불투명한 산길)

진리를 따라 걷는 영축산

때죽나무 / 총림과 강호 / 감자와 아일랜드 / 피톤치드 / 페트리커 / 피나무 / 조릿대

샘터엔 떼거지로 떨어져 열반에 든 꽃잎, 물 한 잔에 속세를 비우고 하늘을 바라본다. 파란 꼭대기 구름이 곱고 희다. 바위사이로 물이 흐르고 연등은 나무에 달려 극락세계를 알리는 듯. 하얀 꽃 밟히는 돌계단 뻐꾸기 울음 길게 따라오고 산을 울리는 딱따구리 소리가 절집의 목탁처럼 들린다.

오월 중순 아침 9시 흐린 날씨다. 통도사 입구 주차장엔 주차요금 대신 사람마다 3천 원씩 입장료를 받는다. 아파트 근처 가게에 잠깐 들른다. 음료수 두 병 사며 과일 없냐고 물으니 파는데 없다고 참외 두개를 그냥 준다. 같이 계산해 달라하니 한사코 사양하며 그냥 가라한다. 마음씨 좋은 아주머니는 오히려 깎아먹을 칼이 있는지 걱정한다. 덕분에 입장요금의 불편했던 마음은 사라졌다. 이런 분들 덕분에 세상은 아직 살만하다. 화북면 대원마을 동네 체육시설을 뒤로하고 20분쯤 걸어서 관음암 입구에서 왼쪽으로 걷는다. 말채나무·향나무·소나무 길, 반듯한 들판을 바라보다 오랜만에 둥그런 논길을 따라 간다. 암자와 잘 어울리는 길이다.

대나무 숲을 지나자 때죽나무 꽃, 요염한 포즈(pose)로 매달린 봉오리마다 야릇한 향기를 뿜어대는데 가슴이 먹먹하다. 뇌쇄적(惱殺的)[1]이다. 독성(saponin)[2]

1 애가 타도록 몹시 괴롭힘(성적 매력).
2 적혈구를 녹이는 독성이 있지만 사람에게는 흡수되지 않는다. 항산화·항암, 면역력을 높이고 거품을 내는 천연물질.

때죽나무 꽃

이 있어 덜 익은 열매를 찧어 물에 풀어 놓으면 기절한 물고기가 떼거지로 떠오른대서 때죽나무 이름이 붙었다. 빻은 열매를 화약과 반죽하여 동학혁명 때 총알로 만들어 썼다 한다. 작은 키 나무지만 10미터까지 자란다. 어긋나는 잎은 끝이 뾰족하고 껍질은 때가 낀 것 같이 까맣다. 늦봄에 꽃향기가 진해 스치기만 해도 코를 찌른다. 꽃이 눈처럼 하예서 하얀 종(snowbell), 겸손의 의미.

찔레꽃 향기는 은은하고 아카시아 꽃도 달콤하게 밀향(蜜香)을 보탠다. 봄은 꽃의 향연(饗宴), 나무들을 좀 더 가까이 보며 평지 같은 산길을 걷는다. 잎이 마주나는 말채나무, 어긋나는 층층나무……. 오른쪽 마을 갈림길 지나 10시경 통도사 주차장에 닿는다. 조계종 15교구 본사, 동서로 길게 늘어선 거찰이다. 산의 모습이 부처가 설법하던 인도의 산과 비슷해서 영축산이다. 통도사(通度寺)는 진리를 통하여 중생을 제도한다는 의미다. 신라 때 자장이 당나라에 유학하고 돌아와 왕명으로 절을 세웠다. 전기차가 오가는데 절집이 아니라 크고 화려한 전당(殿堂)이다. 거대한 현판 영축총림(靈鷲叢林).

"……"

"총림이 뭐야? 무협지에 나오는 이름 같다."

"모일 총(叢), 수풀림(林), 우거진 숲."

"강호 협객(俠客)[3]이 모인 곳이다."

"……"

강호는 중국 선종(禪宗), 마조[4]의 활동 무대가 강서(江西), 쌍벽인 석두[5]는 호남(湖南)이어서 두 글자를 따 강호(江湖)[6]라 불렀다. 총림은 참선을 수행하는 선원(禪院)과 경전교육 강원(講院), 계율교육 율원(律院)을 갖춘 사찰이다. 통도사를 비롯해서 해인·송광·수덕·백양·동화·범어·쌍계사를 8대 총림이라 부른다.

10시반 이제부터 본격적인 등산로 입구다. 극락암, 백운암, 함박등, 진달래 군락지 능선 따라 가기로 했다. 절집에서 경작하는 토지인 듯 감자밭엔 보랏빛 꽃들이 활짝 폈다. 오랜만에 보는 감자 꽃이다.

감자는 가지과 덩이줄기(塊莖), 구황작물로 안데스 산맥이 원산지다. 순종(順從)의 의미. 녹말·단백질·비타민C가 많고 지방이 없다. 콜럼버스의 아메리카 침략 후 담배와 유럽에 들어와 퍼졌으나 한 때 성경에 없는 악마의 작물[7]로 취급됐다. 감자는 아일랜드의 유일한 식량이었으나 감자역병(잎마름병)으로

3 호방하고 의협심이 많은 사람.

4 마조도일(馬祖道一, 709~788).

5 석두희천(石頭希遷, 700~790).

6 강서마조 호남석두(江西馬祖 湖南石頭), 마조계는 동적·행동적, 집단주의. 석두계는 정적·사색적, 개인주의. 마음이 곧 부처(卽心卽佛)라는 것은 같다. 달마대사의 육조 혜능 이후 선의 황금기 남악·청원·마조·석두·백장·남전·황벽·조주·임제로 이어졌다.

7 관능적 색깔과 시체를 묻듯 땅에 묻어야 나는 작물로 감자가 나병을 일으킨다 했다.

감자꽃

1845~1852년까지 110만 명 이상 굶어 죽었다. 7년 만에 인구 25퍼센트가 죽었다. 먹고살기 위해 고향을 등진 사람도 100만 명, 케네디 대통령 조상도 이 시기에 미국으로 건너갔다. 아일랜드는 영국 연합왕국이었지만 식민지 대우를 받았다. 아침에도 감자, 점심에도 감자, 저녁에도 감자를 먹었다. 아일랜드의 슬픈 역사를 생각하며 걷는다.

10분 걸어 오른쪽 반야암 인데 우리는 곧장 올라간다. 오르막 솔숲 길 흐린날 안개와 노송이 어우러져 동양화를 그렸다. 군데군데 아스팔트를 깔았는데 신작로 같은 흙길을 그대로 두었으면 좋겠지만 희망사항일 뿐 머잖아 모두 콘크리트로 덮이겠지. 다시 햇살이 비치니 뻐꾸기 소리도 정겹다. 서어·개옻·누리장·국수·소나무……. 오래된 소나무 노송(老松)은 선채로, 엎드린 채, 구부린 듯 온갖 자세로 나한(羅漢)[8]처럼 호위하고 있다.

10시 50분 백운암·비로암 갈림길에서 우리는 백운암으로 오르는데 절집으로 자동차가 지나면서 매캐한 연기를 뿜고 간다. 숨쉬기 불편하지만 어느덧 아스

8 깨달음을 얻은 불교의 성자, 아라한(阿羅漢, Arhat)의 줄임말.

팔트 포장도로 끝나는 구간이다. 숲속은 눅눅하고 습기가 많지만 소나무 가지 사이로 햇살이 비친다. 찬란한 햇빛이다. 굴참나무와 소나무가 섞여 자라는 혼효림(混淆林), 편백나무를 새로 심은 조림지다. 굴참나무는 껍질이 아주 두터워 불에 잘 견디는 내화성(耐火性) 수종이니 산불에 어느 정도 안전성이 확보 된 셈.

싱그러운 숲 냄새가 좋다. 냄새가 아니라 나무들의 향기다. 상쾌하다고 느끼는 이것은 나무들이 살아가기 위해 끊임없이 뿜어내는 방어물질, 식물은 동물처럼 병원균 공격에 도망갈 수 없어 곰팡이가 생겨 썩어 버리니 살균성 물질을 방출하는데 아울러 피톤치드(phytoncide)[9]라고 일컫는다. 주성분은 테르펜(Terpene), 향긋한 방향(芳香)이다. 이들을 통해 심신의 건강을 증진시키는 활동을 삼림욕, 산림치유라고 부른다.

치유의 효과를 보려면 먼저 찌든 마음을 가라앉혀야 한다. 숲에서 공기를 깊이 마셨다 천천히 뱉는 복식호흡이 좋다. 늦봄부터 늦여름까지 햇볕이 많고 온

9 1930년대 러시아 토킨(Tokin) 박사가 처음 부른 것으로 알려졌다.

도·습도가 높은 오전, 저녁 무렵이 알맞다. 처음 비 내릴 때 흙냄새와 어우러진 페트리커(Petrichor)[10]도 있다. 흙속의 박테리아가 만드는 화학물질 지오스민(geosmin)[11], 비와 섞여나는 독특한 냄새 때문에 기분이 좋아져서 비 올 때는 한 잔이 제격이다.

산벚·개서어·때죽·굴참·낙엽송·소나무……. 낙엽송은 길옆의 전봇대와 길게 솟아 멀리서 바라보니 분간이 잘 안 된다. 전봇대와 전깃줄은 어디로 올라갔는지 궁금해서 걸음을 재촉한다. 안개, 햇살과 공기와 새소리, 계곡 물소리……. 어울려 숲의 화음을 만든 다양한 이웃들이 서로 섞이고 어우러져 사람의 정신을 맑게 한다.

11시 10분 조릿대, 쪽동백·비목·생강·때죽·굴참나무들을 쳐다보다 하마터면 두꺼비를 밟을 뻔 했다. 팔위에는 벌레가 거미줄을 타고 내려와 붙었다. 당단풍·굴참·노각·굴피나무…….

산사의 목탁소리, 궁금했던 전봇대의 종점은 여기 백운암이다(통도사 산문6.3·함박등0.7·영축산2.4). 11시 40분, 딱따구리 소리인지 목탁소리인지? 딱따구리와 스님이 맑게 두드리기 경쟁하는 듯. 샘터엔 떼거지로 떨어져 열반에 든 꽃잎, 물 한 잔에 속세를 비우고 하늘을 바라본다. 파란 꼭대기 구름이 곱고 희다. 바위사이로 물이 흐르고 연등(蓮燈)은 나무에 달려 극락세계를 알리는 듯. 하얀 꽃 밝히는 돌계단 뻐꾸기 울음 길게 따라오고 산을 울리는 딱따구리 소리가 절집의 목탁처럼 들린다.

며칠 전 마곡사에서 담은 물을 비우며 바위에 걸터앉았다.

"그 물 아직도 안 버렸어?"

"……"

---

10 그리스어 Petri(암석)+ ichor(신의 피)

11 그리스어 Geos(Earth) + min(odor) 뿌리와 섞여나는 땅 냄새.

“십승지(十勝地)[12] 물을 더하니 만세영화지지(萬世榮華之地)로 이름 떨치리라.”

“말은 청산유수다.”

“……”

“한 잔 들고 산 아래를 바라보니 녹음방초 호시절이라 애틋했던 청춘을 그리워하노라.”

정오에 암자를 떠나며 쪽동백·사람주·노린재·굴참·미역줄·물푸레·참회·참빗살나무와 헤어진다. 산악지역이선지 쪽동백나무는 잎이 더 두텁고 껍질색깔도 진하다. 30분쯤 오르막길, 땀은 줄줄 흘러내리고 손수건은 다 젖었다. 여분(餘分)으로 한 장 더 갖고 온다는 걸 깜박 잊었다. 백운암에서 30분 정도 올라서 함박등(영축산1.7·백운암0.7·채이등0.3·오룡산4.4킬로미터)에 닿는다. 우리는 오른쪽으로 진행하는데 햇살이 쨍쨍하다. 능선에 철쭉꽃 만발하고 동쪽으로 안개, 서쪽은 맑다. 15분 더 올라 능선의 바위꼭대기에 서니 영축산, 신불산, 간월산까지 보이는데 영축산은 골산(骨山), 신불산으로는 육산(肉山)이다.

12 조선시대 난리를 피하여 몸을 보전할 수 있고 거주 환경이 좋은 십여 곳(영월정동, 봉화춘양, 보은속리, 공주유구, 영주풍기, 예천금당, 합천가야, 무주무풍, 부안변산, 남원운봉). 다르게 설정된 지명도 있다.

피나물·둥굴레·실사리, 바위틈마다 양지꽃 빼곡하게 자라고 조릿대 새싹을 틔우니 고향에 심어놓은 오죽(烏竹)도 새순이 나올 것이다. 팥배·쇠물푸레·철쭉·산목련·마가목……. 능선마다 기화이초(奇花異草), 기암괴석(奇巖怪石)이니 영남알프스라 할 만하다. 오후 1시 20분 진혼비와 헤어지고 땡볕이 내리쬐는 곳에서 노랑제비꽃을 바라본다. 잠시 후 갈림길(오른쪽 비로암1.6·정상0.2킬로, 약수터50미터, 뒤쪽 백운암2.2·오룡산5.9·함박등1.5킬로미터) 지나고 오후 1시 반에 드디어 1,081미터 영축산 정상(신불산3.1·오룡산6.1·하북지내마을 4.9킬로미터)에 닿는다. 울주군 삼남·상북, 양산시 하북·원동면 경계다.

영축산(靈鷲山)은 영축·영취·취서·축서산 등 여러 이름으로 불렸으나 지금은 영축산으로 부른다. 신증동국여지승람에 취서·대석산이라고도 한다. 한자사전에 '독수리 취(鷲)'이나 인도 영축산의 차자(借字)에서 비롯된 것으로 본다. 산

아래 선덕여왕시절 지었다는 한국 3대사찰[13] 통도사가 있다. 영축산(靈鷲山) 기암괴석과 노송이 병풍처럼 둘러쳐 마치 신령스런 독수리가 살고 있는 듯. 독수리는 절대자의 상징이다. 영축산에서 신불산, 간월산으로 이어지는 억새능선이 볼만한데 가을이 되면 관광객들로 가득 차 발걸음 옮기기도 어렵다.

오후 1시 40분 내려가는 바위, 양산 시가지가 잘 보이는 곳에 앉아 점심을 먹으며 아침에 참외 두 개를 주던 가게 아주머니 생각이 떨쳐지지 않는다. 복을 짓는 사람은 이래서 복을 되돌려 받는구나. 채워야 후손들이 받는 것 아닌가? 우리가 이나마 누리는 것도 조상의 음덕, 지어야 다시 받으니 그릇에 복을 채워 놓아야 한다.

13 통도사(通度寺)·해인사(海印寺)·송광사(松廣寺).

오후 2시 반에 산을 내려간다. 산 아래 안개 가득할 것을 보니 어젯밤 비가 많이 온 증거다. 바위구간 밧줄을 잡고 내려가는데 노각·노린재·신갈·물푸레·비목나무……. 바위 사이로 뿌리를 내린 피나무 군락지다.

피(皮)나무는 껍질을 쓰는 나무라는 데서 유래한다. 섬유조직이 질겨서 밧줄·어망·새끼 대용으로, 목재는 바둑판으로도 썼다. 사찰에서는 염주나무, 보리수나무로 불린다. 20미터까지 자라는 큰 키나무로 껍질은 회색, 끝이 뾰족하고 톱니가 있는 잎은 심장형으로 어긋난다. 큰 하트(heart)는 찰피, 작은 하트는 피나무다.

피나무[14]

14 피나무 과(科), 나무줄기는 회색에 흰 반점이 있다. 껍질을 의미하는 한자 가죽피(皮)에서 유래된 이름. 꽃이 많아 양봉과 토종벌의 밀원목으로 좋다.

오후 3시 개서어·굴참·팥배·생강·사람주·산딸·참회·산머루·소나무……. 노랗게 핀 조릿대 꽃을 본다. 지상부분은 이미 죽었다. 줄기가 나와 죽기 전 5년에 한 번씩 피는 꽃을 보니 그것도 복이다. 조릿대는 벼과의 키 작은 식물로 조리(笊籬)[15]를 만드는데 썼다.

수풀이 뒤섞인 밀림지대를 지나 오후 3시 30분 마을(지산마을2.1·임도방향정상3·정상2.5·지내마을2.5킬로미터)로 들어섰다. 축서암 근처까지는 여름철 산행구간으로 좋다. 15분 더 걸어 갈림길(지산마을0.7·축서암0.3킬로미터), 오후 4시 버스 종점까지 왔다.

지산마을 찾아 도로를 따라 걸어간다. 길을 물으니 20분 더 가라고 하는데 아카시아·찔레꽃 향기에 피곤함을 잊을 수 있다. 평산마을 경로당까지 10분 거리, 들판에는 청둥오리 첨벙거리며 떠 있기도 하고 날기도 하고 걷기도 하면서 헤엄까지 치는데 우리는 오로지 걸을 수밖에 없으니 참 딱한 노릇이다.

이리저리 구릉지를 헤매다 오후 4시 반에 아파트 가게 근처로 되돌아왔다. 7시간 반 정도 걸렸다. 등억온천에 들러 땀을 씻고 울산 고속도로 나들목 입구에서 국밥 한 그릇, 으스름 가득 싣고 달려간다.

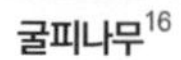

굴피나무[16]

쪽동백나무[17]

사람주나무[18]

15 쌀을 이는 데에 쓰는 기구, 가는 대나 싸리 따위로 결어서 삼태기 모양으로 만든다.

16 가래나무 과(科), 강원도 굴피집 재료는 굴피나무가 아니라 굴참나무 껍질로 만든다. 나무는 성냥개비, 열매는 염료, 나무껍질은 줄 대용으로 썼다.

17 때죽나무 과(科), 동백나무보다 열매가 작은 나무 접두어 '쪽'을 붙인 이름. 쪽문, 쪽배도 '작다'는 뜻이다. 열매는 기름을 짜고 귀한 동백기름 대신 쪽동백기름을 머리에 바르기도 했다.

18 대극 과(科), 열매기름은 변비에 효과가 있어 마시기도 한다. 어린잎을 데쳐 나물로 먹었다. 줄기가 곱고 하예서 여자나무로 부른다. 대극과 식물은 상처를 내면 흰 즙액이 나온다.

개서어나무[19]　노각나무[20]

비목나무[21]　조릿대 노란꽃[22]

19 자작나무 과(科), 낙엽활엽교목으로 서어나무 사촌. 회색빛 나무껍질은 뱀처럼 거뭇하다.

20 차나무 과(科), 산 중턱 이상에 자란다. 오래된 나무껍질은 얼룩덜룩 미끈해진다. 사슴뿔을 닮아 녹각(鹿角)나무, 노각나무로 변한 것. 위염·속쓰림·아토피·관절염·어혈·면역에 좋아 산중스님들이 즐겨 마셨다. 생강·대추와 노각나무조각을 같이 넣어 끓여 먹는다.

21 녹나무 과(科), 나무껍질이 지저분하게 벗겨져 보인다. 노랫말 비목과 무관하다. 하관(下棺) 할 때 풍비(豊碑 널빤지 네 모퉁이에 큰 나무기둥 비목(碑木)을 세우고 그 윗부분에 구멍을 내서 도르래를 설치, 상여(喪輿) 줄을 묶어 관을 아래로 내려놓는 장치)로 썼던 튼튼한 막대기가 비목(碑木)이어서 유래된 것으로 본다.

22 벼 과(科), 키 작은 대나무로 조리(쌀을 이는데 쓰는 기구)를 만들어서 유래된 이름.

탐방길

전체 13.7킬로미터·7시간 30분 정도

통도사입구주차장 → (20분)관음암 입구 → (60분)통도사 → (30분)통도사 경작지(감자밭) → (10분)반야암 입구 → (10분)백운암, 비로암 갈림길 → (50분)백운암20분 휴식, 정오출발 → (30분)함박등 → (50분)진혼비 → (10분)영축산 정산 → (10분)바위지대 점심50분 휴식 → (30분)조릿대군락지 → (30분)지산마을 → (60분)원점회귀

※ 보통 걸음의 산행시간

신령의 산 신불산과 간월산

대팻집나무 / 등억(登億) / 목재화석 / 인류세와 플라스틱 / 비목나무 / 누리장나무 / 파래소 폭포 / 산행문화와 지구의 절반

빨간 가막살나무 열매, 검정색 생강나무 열매는 씻은 듯 맑고 비목·때죽·굴참·상수리·노각나무……. 그중에 사람주나무가 제일 곱다. 이산의 동쪽 능선엔 억새 군락, 남서쪽으로 계곡과 군데군데 옹달샘들이 있어 온갖 나무들이 많이 자란다. 가을은 억새 길을 따라 스쳐간다.

10월 20일 일요일 밀양 단장을 지나간다. 곳곳에 송전탑 반대[1] 현수막이 내걸렸다. 시위현장을 거쳐 가는데 경찰차들이 에워쌌다. 일방적인 정책과 타협 없는 극단적 대치의 현장이다.

대구에서 1시간 20분 정도 달려 배냇골 신불산자연휴양림 하단지구다. 야영장엔 벌써 나뭇잎이 붉게 물든다. 오리·상수리·서어·생강·굴피·노각나무……. 오전 9시 20분 신불·간월산 갈

1 2013년 울산 신고리~북경남(창녕)간 고압 송전선, 송전탑 위치 문제를 두고, 밀양 주민과 한국전력 사이에 벌어진 분쟁.

림길(파래소폭포 0.8킬로미터). 계곡의 바위길 파래소폭포 물소리 들으며 걷는데 잔돌에 미끄러지기 일쑤다.

사람주나무는 단풍이 곱게 물들었다. 가을을 빨리 보여주려 함인가? 아름다움은 숨겨도 저절로 드러난다. 그래서 여자나무라고 부른다.

"……"

"잘 생긴 사람은 많이 보여줘야 돼. 그래서 자주 돌아다녀야 한다."

"아주 별 핑계를 다 대는군."

"……"

하얀 줄기가 살결처럼 희고 매끄러워서 여자나무라 부른다.

사람주나무

빨간 가막살나무 열매, 검정색 생강나무 열매는 씻은 듯 맑고 비목·때죽·굴참·상수리·노각나무……. 그중에 사람주나무가 제일 곱다. 이산의 동쪽 능선엔 억새 군락, 남서쪽으로 계곡과 군데군데 옹달샘들이 있어 온갖 나무들이 많이 자란다. 가을은 억새 길을 따라 스쳐간다.

9시 50분 길옆에 굴참나무 고목이 우뚝 서서 일행을 반긴다. 상수리·굴참·사람주·개산초나무들 서로 섞여 자라고 계곡 물소리 귀를 간질인다. 대팻집나무 뾰족한 가시는 찌를 기세로 노려보는 듯. 10분 지나 갈림길(신불재0.7·영축산2·신불산자연휴양림2.3킬로미터), 임도 합류지점이다.

대팻집나무는 키 큰 나무로 중부 이남, 일본·중국에도 자란다. 5~6월 꽃피고 9~10월 붉은 열매가 달린다. 잎은 가장자리에 톱니가 있고 짧은가지 한곳에서 모여난다. 대팻집[2] 만드는 나무다. 감탕·꽝꽝·낙상홍·대팻집·호랑가시나무·먼나무들이 감탕나무 과(科)에 속하고 대팻집나무만 겨울철에 잎이 떨어진다.

일반적인 신불산 등산의 시작과 끝은 신불산자연휴양림 하단지구에서 비롯된다. 신불재·영축산 갈림길에서 신불산·간월산을 올랐다가 하산길은 파래소 폭포를 거쳐 다시 하단지구로 원점회귀 5시간 30분 정도 걸린다.

비목나무 빨간 열매, 참회나무 검붉은 깍지열매, 난티·진달래·철쭉, 조릿대구간을 걸어 10시 반경, 신불재(간월재2.3·영축산2.2·신불산0.7킬로미터)에는 안개가 가렸다. 정상까지 15분 정도면 갈수 있는데 관광버스로 무더기 산행을 왔는지 놀러왔는지 왁자지껄, 노래 부르며 담배연기까지 뿜어댄다. 10시 40분 신불산 정상(1,159미터)에는 인산인해, 구름이 몰려다니는 곳에 앉아 커피 한잔. 꼭대기에 서니 산이 아니라 유원지 분위기다.

여름철에는 억새만 있는 민둥산이라 산꼭대기에 텐트 치고 야영하는 사람들이 많다. 동쪽으로 바라보니 경부고속도로 달리는 차들이 장난감이다. 무엇 때문에 저렇게 바쁜지 부지런하게 다닌다. 산위에서 바라보는 세상은 말 그대로 부처의 손바닥, 그래서 신불산이다.

---

2 대팻날 박힌 나무의 틀(대패는 나무표면을 매끄럽게 깎는 데 쓰는 연장).

신불산 오르는 길

신불산(神佛山)은 신과 부처가 있는 산이니 신령스런 산, 신성한 산이라는 것. 그래선지 산꼭대기 묘를 쓰면 역적이 난다고 한다. 신불산 등억온천 쪽 길은 계곡을 오르면 절벽에서 떨어지는 30미터쯤 되는 폭포가 유명하다. 무지개가 서려 흐른대서 홍류(虹流)폭포라 부른다.

11시 5분 바위 능선길 걷는데 노린재·철쭉·진달래·신갈나무들은 바람에 시달린 탓인지 나뭇잎은 다 떨어지고 없다. 키 작은 소나무, 조릿대, 쇠물푸레·노각·신갈·미역줄·광대싸리·당단풍나무, 양지꽃……. 멀리 능동·재약산 능선으로 케이블카 건물, 길은 놔두고 나무계단을 참 많이도 깔았다.

어느 겨울 신불산 동쪽에서 칼바위 공룡능선을 타고 매서운 눈바람 맞으며 올라왔을 때는 이처럼 인공구조물이 많이 놓이진 않았다. 설악산의 공룡능선보다 작지만 바위능선 길이 험해 사고가 잦다. 그 겨울 덕분에 등억온천의 따뜻한 욕조가 지금도 그립다. 온천욕은 북풍한설 몰아칠 때가 제격이다.

등억(登億) 이름이 재밌다. 등억은 오르다(登), 등(登)어귀(口), 덩어리, 높은

신불산에서 바라본 간월산, 중턱이 간월재

마을, 산 입구나 산 어귀 등으로 유추할 수 있다. 산 아래 울산시 울주군 상북면 등억리에 국내 최대 규모(71ha) 온천단지가 있어 피로를 푸는 데 좋다. 1988년 개발을 시작했다. 30도의 알칼리성 물은 마실 수 있는 광천수(鑛泉水 Mineral wate)[3]로 피부염과 신경통 등에 효과 있는 것으로 알려졌다.

11시 반 간월재, 마실 것을 파는 휴게시설이 있는데 컵라면 냄새가 온 산을 뒤덮었다. 목재화석에서 잠깐 멈춘다. 간월재 목재화석은 중생대 무렵(1억 년 전) 화산활동으로 나무가 오랫동안 퇴적물에 묻혀 목질조직이 화석으로 된 것이다. 철망을 둘렀는데 마지못해 놓아둔 것 같아 아쉽다.

"사람도 죽으면 화석이 되나?"
"……"
"사람보다 닭, 플라스틱은 될 걸."

3 칼슘·마그네슘·칼륨 등의 광물질이 미량 함유된 물.

"치킨을 많이 먹으니 그럴 수 있겠다."

"……"

지질학적 시간의 흐름을 대(代)·기(紀)·세(世)로 나뉜다. 이를테면 중생대 쥐라기에 공룡이 멸종됐다는 식이다. 21세기 우리는 신생대 제4기 홀로세[4]를 지나 인류세(人類世)[5]에 살고 있다.

여섯 번째 대멸종 후 인류세의 화석은 닭뼈, 플라스틱을 꼽는다. 오래전 바다거북이 장수의 상징이었다면 플라스틱은 불사의 존재다. 문명사적으로 석기시대·청동기시대·철기시대, 그리고 현대를 플라스틱시대라 할 수 있다. 플라스틱(plastic)은 당구공의 재료로 비싸고 귀했던 코끼리 상아(象牙)를 대체할 물질을 찾다 만들었다.[6] 열이나 압력으로 변형을 시킨 고분자 화합물.[7]

---

4 Holocene(沖積世)

5 인류의 시대, 1980년대 미국 생물학자 유진 스토머(Eugene F. Stoermer1934~2012)창안. 2000년 네덜란드 대기화학자 파울 요제프 크뤼첸(Paul Jozef Crutzen1933~2021)이 퍼트렸다.

6 1868년 미국인 존 웨슬리 하이엇(John. W. Hyatt 1837~1920)

7 석유에서 추출한 고분자 화합물(에틸렌을 섞은 폴리에틸렌 등), 처음엔 셀룰로오스를 섞었다.

간월산(看月山) 정상(1,069미터)에 오르니 11시 45분. 달을 바라보기 좋은 곳, 옛날 산기슭에 간월사(澗月寺)라는 절집이 있어서 그렇게 불렸는데 한자 표기는 다양하게 나타난다. 사람들이 많아 그야말로 인산인해 길이 막혀 제대로 못 내려갈 지경이다. 잠시 옆으로 돌아들며 구슬붕이, 용담을 살피다 정오에 점심, 건너편 갈대에 비친 신불산 바라보며 한참 고개를 들고 있다. 산은 나의 눈을 고정시켜 놓았다. 10분 내려서면 다시 간월재, 임도 갈림길 따라 신불산자연휴양림 상단지구 쪽으로 간다. 모처럼 걷는 신작로 같은 길, 휘파람 따라 가을이 스쳐간다.

오후 1시, 길 옆으로 층층나무, 호랑버들, 비목나무 붉은 열매 이렇게 많이 달린 건 처음 봤다. 비목나무는 녹나무 과(科) 감태나무, 생강나무와 사촌이다, 봄철 노란 꽃이 피고 나무껍질이 얼룩덜룩 벗겨져 지저분하게 보이지만 재질이 단단하고 치밀해서 목재, 가구재로 썼다. 백목(白木)으로 부르는 낙엽활엽수, 중남부지역 산골짜기에서 자란다. 노랫말 비목과 무관하다. 하관(下棺) 할 때 풍비(豊碑)[8]로 썼던 튼튼한 막대기가 비목(碑木)이어서 이에 유래된 것으로 본다.

8 널빤지 네 모퉁이에 큰 나무기둥 비목(碑木)을 세우고 그 윗부분에 구멍을 내서 도르래를 설치, 상여(喪輿) 줄

비목나무 열매

누리장나무 열매

딱총나무, 오래된 소나무, 누리장나무 열매도 자주·검은색이 적당히 어우러져 멋지다. 잎과 줄기에서 누린내가 나지만 꽃과 열매가 아름다워 관상용으로 훌륭하다. 오동나무 잎을 닮아 취오동(臭梧桐)이다. 봄철 어린잎을 나물로 먹으면 중풍에 좋다고 알려져 있다. 나무를 좋아하는 이들은 이곳으로 누리장나무 열매를 보러 와도 괜찮을 듯하다.

산길에서 감탄하다 어느덧 오후 1시 45분 신불산 상단자연휴양림(간월재3.3·파래소폭포1·하단휴양림2.3킬로미터)에 닿는다. 황벽·박달나무를 뒤로하고 15분 정도 계곡을 내려서 전망대 갈림길 지나 오후 2시 10분 파래소폭포다(하단휴양림1.3킬로미터).

기우제를 지내면 바라는 소원이 이뤄진다고 바래소, 파래소폭포라는데, 물빛이 파래서 그렇게 부른다고 생각한다. 물이 잘 마르지 않아 기우제를 지내는 곳으로 조금 더 올라 천주교박해 때 신자들이 숨던 죽림굴이 있다.

신불산 갈림길(신불산4.7·파래소폭포0.8·상단휴양림2.3킬로미터), 내려서면 원점회귀 하단자연휴양림에 돌아오니 오후 2시 반경, 고기 굽는 냄새 산천에 진동

을 묶어 관을 아래로 내려놓는 장치.

한다. 웃통 벗고 마시며 라면 끓이고, 맑은 계곡물에 기름이 떠다니고, 버려진 쓰레기들……. 숲속에서 정화된 맑은 기분은 여기서 싹 가라앉았다.

우리나라 국토의 63퍼센트가 산림이다. 등산은 한국의 국민스포츠라 불릴 정도로 가장 선호하는 취미활동으로 각광받고 있다. 산에 오르는 사람이 연간 1,500만 명 이상이다. 2004년 주5일제 근무, 2007년 국립공원입장료 폐지 등으로 등산인구가 폭발적으로 늘어났지만 이 많은 수요를 산이 어떻게 감당할 수 있을는지? 인간과 자연이 공존하려는 노력은 고사하고 자연생태계를 망치고 있으니…….

오죽하면 에드워드 윌슨[9]은 '지구의 절반(Half Earth)'을 내버려 두는 대신 나머지 반에 인류를 격리하자는 의견을 제시했겠는가. 인간 이외의 다른 생물들

9 Edward Wilson(1929~2021) 생물학자, 미국 하버드대 교수, 퓰리처상 수상, 저서 인간 본성에 대하여· 자연주의자·사회생물학·바이오필리아·지구의 정복자 등.

을 위해 지구의 절반을 할애하자고 주장한다. 머잖아 자연을 망쳐 지구상에서 인류의 생명이 메말라 가는 장면을 보게 될 것이다.

"쯧쯧, 산에 오를 줄만 알았지 내려갈 줄 몰라."
"산행문화는 후진국 수준이다."
"……"
"산에서 흔적만 안 남기면 돼."
"경범죄로 다 잡아들여."
"법보다 자연을 보호하려는 윤리의식이 문제다."
"……"
저마다 한마디씩 거들며 밀양호 지나 양산 원동 길을 놓쳤다.
결국 삼랑진 나들목까지 와서 달려간다.

탐방길

전체 12.6킬로미터·5시간 30분 정도

배냇골 신불산자연휴양림하단지구 → (20분)신불·간월산갈림길 → (30분)굴참나무고목 → (10분)신불·영축산 갈림길 → (30분)신불재 → (10분)신불산 → (25분)바위능선길 → (25분)간월재 → (15분)간월산(점심12:10분출발) → (50분)비목·누리장나무 군락지 → (45분)신불산상단자연휴양림 → (25분)파래소 폭포 → (10분)신불산 갈림길 → (10분)원점회귀

※ 보통 걸음의 산행시간

강물에 잠긴 구름 백운산

뗏꾼부부위령비 / 동강할미꽃 / 꼭두서니 / 백운(白雲) / 칠족령 / 털댕강나무 / 왕느릅나무 / 백룡동굴 / 동강

안개는 걷히고 해는 나왔다 들어갔다 하는데 구부러진 노송 절벽너머, 굽이굽이 돌아가는 강기슭 집들이 모여 산다. 댕강나무에 붙은 매미는 가까이 다가가도 도무지 날아가지 않고 "맴맴 매 에에~" 석벽의 강이 진동하도록 울어댄다.

중앙고속도로를 달려 남제천 나들목, 영월, 평창, 큰 강을 따라 첩첩산중으로 간다. 8월 17일 아침 일찍 나섰으니 그나마 덜 덥다. 동강으로 강물처럼 흘러들어 아침 8시쯤 큰물이 넘실거리는 강가에 작은 비석 "뗏꾼부부 위령비".

금슬 좋은 부부가 있었다. 남편은 뗏목으로 나무를 운반하는 뗏꾼, 비가 많이 내린 날 물에 빠져죽은 남편을 찾으려다 부인도 그만 빠져 죽었다. 바위를 안고 돌며 건너려 목숨을 잃었대서 마을 사람들은 "안돌바위" 라 부르며 넋을 기려 비석을 세웠다. 바위에 손을 대고 기도하면 사랑이 이루어진다고 전한다.

아침 햇살에 굽이치는 강물, 가을 하늘처럼 분위기는 자못 썰렁하다. 백룡동굴매표소 주차장에 차를 댔지만 등산로 입구 문희마을 못 찾아 강줄기 따라 거꾸로 다시 올라왔다. 매미, 까마귀, 풀벌레 소리 요란하더니 잠깐사이 강물에 묻혀버리고 만다. 누리장나무 붉은 꽃잎은 동강에 나풀거리고 매미소리 지칠

왼쪽 뗏꾼부부 위령비

줄 모른다.

돌배나무 시멘트 포장길 걷는데 달팽이는 길 가운데 그대로 있는 건지 기는 건지? 하루 종일 기어가도 못 건너겠다. 돌배나무 이파리 강바람에 흔들리는 아침 8시 반쯤. 마을 주민에게 길을 물으니 다시 주차장 쪽으로 가라고 한다. 산길을 찾아 두리번거리며 오르니 짐차가 덜커덩 지나간다.

길 위의 달팽이

"달팽이는 무사할까?"

"……"

"치어 죽진 않았겠지."

"……"

주차장까지 다시 돌아와 결국 20분을 낭비했다. 맑은 하늘과 산뜻한 공기를 마시며 왼쪽으로 표지판(백운산1.9킬로미터, 급경사1.6·완경사3.7)을 찾았다. 억지로 만든 것 같은 서낭당 지나 오솔길 따라 오른다. 노란달맞이꽃·참느릅·산수유·산뽕·물푸레·고추·고로쇠·말채·다래·박쥐·굴피·붉·신·소나무……. 누리장나무 붉은 열매는 하도 붉어서 검게 보인다. 8시 45분 갈림길에 박쥐나무 군락이다.

누리장나무

돌탑 이정표(직진3.2 완경사정상·오른쪽1.1 오른쪽정상·문희마을 0.8킬로미터)에서 오른쪽으로 간다. 누리장·박쥐·고추·신갈·꽃싸리·광대싸리·복자기·생강·팽·병꽃·난티·굴참·떡갈나무, 꼭두서니, 참취나물은 하얀 꽃을 피워 쉽게 지나칠 수 없다. 모든 산들마다 다양한 식물들이 자라지만 특히 이 근처에는 동강할미꽃이 유명한 곳이다.

4월에 꽃 피니 지금은 볼 수 없다. 미나리아재비 과(科) 여러해살이풀. 영월과

돌탑 갈림길

정선 동강 일대 석회암 바위절벽에 뿌리내려 하늘 보고 피는 것이 땅을 보는 여느 할미꽃과 다르다. 피면서도 자주·붉은자주·분홍·흰색 등 온갖 색깔을 띤다. 독이 있지만 뿌리는 이질·학질·신경통에 썼다. 할머니 흰머리를 닮아 노고초(老姑草)·백두옹(白頭翁), 우리나라에만 자라는 특산식물이다.

동강 할미꽃

"맴맴 매 에에~"

9시쯤 산조팝나무 흰 꽃을 보며 땀을 닦는데 매미소리 아직도 길게 운다. 여름철 매미는 길게 울지만 가을이 오는 듯 후렴구는 훨씬 짧아졌다. 산조팝·난티나무 군락지에서 낯선 부부를 만나 서로 인사하니 산에서는 모두 친구다. 땀은 흐르지만 가을바람 살랑살랑, 분홍빛 며느리밥풀꽃을 발아래 두고 이마를 닦는다. 삽주·머루·개산초, 우산나물은 뚜렷하게 이중 결각(缺刻)[1]이다.

삽주

잠시 소나무 아래 앉아 한 모금 목을 축이려니 밑에는 개족도리풀, 신갈나무에 겨우살이 붙어살고 이산의 꼭두서니 잎은 작다.

옛날 꼭두서니 뿌리로 빨간 물을 들이는데 썼다. 빨간색을 꼭두색이라 했다. 흰 꽃을 피운 네모난 줄기에 심장모양 넉 장의 잎이 돌려난다. 덩굴줄기가 까칠까칠해서 옷에 달라붙어 가지 말라고 꼭 두 손으로 옷깃을 잡는대서 꼭두손, 꽃

1 결각(缺刻 lobed), 잎 가장자리가 깊이 패어 들어간 부분.

우산나물

꼭두서니

잎이 아이의 곱은 손을 닮아 곱도손, 꼭두색을 물들인다고 꼭두서니[2], 새색시 입는 꼭두색 치마에서 꼭두각시가 됐다. 꼭두서니·갈퀴꼭두서니·덤불꼭두서니·우단꼭두서니·민꼭두서니·가지꼭두서니·큰꼭두서니·너도꼭두서니 등 종류[3]도 많다. 말린 뿌리를 천초(茜草), 한약재로 오래 씹으면 혀를 자극하며 특유의 냄새가 있다. 코피, 월경, 관절에 썼다.

생강·광대싸리·층층나무 뒤섞여 자라는데 광대싸리는 경쟁에서 밀려 수세가 약하다. 상층목으로 신갈나무, 곳곳에 복자기나무. 가을인가? 매미소리 처연하게 들리고 메뚜기도 나뭇잎에 올라타 널뛰기를 한다.

9시 반, 올라가는 길이 험해선지 발목과 종아리가 뻐근하다. 안개와 구름이 날아다녀 이름대로 백운산, 정상에도 흐릴 것이다. 쉼터를 지나 복자기 큰나무를 만난다. 꿩의다리·까치수염·사초·산당귀·터리풀·배초향. 10분 더 올라 오래된 소나무 근처에 구름 날리니 아쉽지만 동강은 볼 수 없을 것이다. 잠깐사이 능선에 닿자(정상0.4킬로미터) 떡갈나무 가지에 부는 세찬바람은 문희마을(1.5킬로미터)아래쪽에서 올라오는 강바람.

2 옛말 곡도손.

3 종류에 따라 잎이 4~10장까지 돌려난다.

백운산 정상

이정표(정상왼쪽0.2·오른쪽 칠족령2.2·문희마을1.7·킬로미터)에서 만난 사람들은 아무것도 안 보인다고 일러준다. 능선으로 산조팝·난티·떡갈나무 지나 송장풀. 떡갈나무 이파리는 마치 신갈나무처럼 생겼다. 9시 50분 동강을 바라보며 능선 따라 백운산(白雲山 882미터) 정상, 평창군 미탄면, 정선군 신동읍 경계다. 산 아래는 비경(秘境)일 테지만 안개 날려 흐릿하다. 휘어진 동강 기슭, 난티·물푸레·층층·복자기·다릅나무가 지키고 떡갈나무는 크고 잘 생겼다. 겨우 칠족령이 보이고 햇빛은 들어갔다 나왔다 한다.

흰 구름 산의 백운산은 방방곡곡에 같은 이름이 많다. 한자도 같다. 광양·포천·화천·함양·장수·의왕·성남·수원·용인·원주·제천·부산·밀양 등 같은 이름이 수십 곳에 이른다. 산 이름이야 높아서 흰 구름에 솟아 있다는 뜻이라 해도 백운동·백운마을·백운당·백운암·백운장·백운도사 등을 비롯해서 서원·마을·철학관·점집·작명소 이름으로도 많다. 흰 백(白), 구름 운(雲), 글자 그대로 흰 구름이다. 구름을 부리니 영통할 것이요, 구름은 이상향이니 속세를 떠난 달관의 경지

이며 그런 세계다. 한곳에 머무르지 않고 구름같이 떠돌아다니는 사람, 신비의 상징. 불가에선 수행승, 오가는 나그네 뜻으로도 통한다.

10시쯤 다시 이정표를 만나고 칠족령(漆足嶺)으로 발길을 옮긴다. 크고 오래된 굴참나무 이파리 뒷면이 여린 빛을 띠어 마치 상수리나무 이파리를 닮았다. 특이한 산림지대의 깎아지른 바위 절벽, 이른바 뼝대[4]의 시작이다. 위험한 바윗길 한 발 한 발 조심스럽게 내딛고 걷는다.

제장마을에 사는 선비가 옻을 끓이는데 개가 사라져 찾으러 나선다. 발에 옻을 묻힌 채 나간 개 발자국을 따라가 절경을 발견했다고 옻 칠(漆), 발 족(足)자를 붙여 칠족령이 되었다.

털댕강나무

20분쯤 절벽 길 따라가니 마주나는 잎은 진달래 비슷한데 줄기에 세로줄 여섯 개 홈이 파였다.[5] 꺾으면 "댕강" 소리 난다고 댕강나무, 이파리 앞뒤에 털이 있어 이곳에는 털댕강나무다.

털댕강나무는 1~2미

4 바위로 된 높고 큰 낭떠러지(강원도 방언).
5 육조목(六條木)이라 부른다.

터까지 자라는 낙엽활엽수, 병꽃나무 꽃 비슷하나 작고 희다. 5월에 꽃 피고 열매는 9월에 익는다. 영월, 정선 등 강원도 석회암 지대 바위틈 반 그늘진 곳에 잘 자란다. 만주, 우수리강까지 산다.

안개는 걷히고 해는 나왔다 들어갔다 하는데 구부러진 노송(老松) 절벽너머, 굽이굽이 돌아가는 강기슭 집들이 모여 산다. 강물은 어제내린 비에 흙탕물이지만 날이 좋았으면 석회성분이 많아 우윳빛처럼 보얗게 흘렀을 것이다. 낭떠러지마다 군데군데 밧줄을 둘러쳐 "추락주의" 팻말을 세웠는데 시간 가는 줄 모르고 셔터를 누른다. 댕강나무에 붙은 매미는 가까이 다가가도 도무지 날아가지 않고 "맴맴 매 에에~" 석벽의 강이 진동하도록 울어댄다.

털댕강나무에 매달린 매미

앞서 간 친구는 빨리 오라고 재촉하는데 사진 찍고 기록하고 살피느라 뒤처질 수밖에……. 석회암지대라 회양목, 노간주나무도 바위틈에 많다. 굴참나무 바위를 붙잡고 털댕강나무는 무리지어 산조팝나무와 어울려 자란다.

누리장·산뽕(검지)·대팻집·생강·굴참·떡갈나무,산기름나물. 11시 넘어서 바위에 앉아 쉰다. 절벽 아래 동강의 물길은 오른쪽으로 흘러가고 섬 같은 육지, 시골길, 집들, 비닐하우스, 점점이 작은 사람들, 흙탕물 강에 가로놓인 시멘트 다리, 경운기 소리, 발동기 소리, 방앗간 소리, 닭 우는 소리…….

절벽에 매달린 측백나무, 바윗길에 산조팝·노간주·싸리·댕강·굴참나무. 흐려진 날씨에 바람 불어 으스스 하고 마른 옷에는 땀 냄새 배었다. 잎이 엄청 두꺼운 박달나무와 키 작은 개박달나무도 억지로 섰다. 11시 40분 아슬아슬한 뺑

대, 낭자(娘子)의 진혼비에 서니 멀리 돌 깨는 기계소리가 동강의 처지를 알리듯 요란하고 어두운 구름이 지나간다.

휘돌아가는 동강

회색빛 껍데기, 어긋난 잎은 사포처럼 억세고 꺼끌꺼끌한 이 나무의 정체는 대체 무엇이란 말인가?

"……"

가만히 보니 작은 가지마다 코르크 날개가 달렸다.

"옳거니 왕느릅이다."

"그게 뭐 중요해."

"남쪽에서 볼 수 없는 걸 봤으니……."

"……"

왕느릅은 단양·영월이북 석회암지대를 비롯해서 중국·러시아·몽골에도 산다. 느릅나무에 비해 잎이 넓고 열매가 커서 붙여진 이름. 10미터 정도 자라지만 이곳에선 키가 작고 어긋난 잎은 톱니가 거칠다. 코르크층을 벗긴 수피를 유백피(楡白皮)라 해서 소변을 잘 통하게 하고 부은 것을 내리며 종기·항암에 썼다고 알려졌다.

백운산

옛날 산비탈에서 굴러 떨어진 아들의 엉덩이 살이 찢겨 온갖 약을 써도 낫지 않았다. 어느 날 어머니 꿈에 도사가 나타나 나무껍질을 찧어 곪은데 붙이면 나을 것이라 일러준다. 그대로 했더니 며칠 지나 고름이 나오고 새살이 돋아 목숨을 건졌다 한다.

정오 무렵 갈림길(칠족령0.2·문희마을1.4·백운산2.2킬로미터), 잠깐사이 칠족령(왼쪽 정상2.2·직진 제장1·오른쪽 문희마을·칠족령전망대0.2·하늘벽구름다리1킬로미터), 제장마을 다리보이는 데서 돌아섰다. 백운산 조망이 뛰어난 곳에서 몇 번 셔터를 누르다 우리는 문희마을로 걸어간다. 갈림길 두어 번 지나고 난티나무를 만난 12시 30분, 고구려 신라가 다투던 산성 터에는 땅도 나무도 움푹 골이 졌다. 댕강나무처럼 홈이 파인 곳.

왕느릅나무 / 복자기나무

당단풍·산벚나무 호젓한 산길에 광대싸리는 굵고 가지가 밑으로 처져서 관상수(觀賞樹)[6]로 제격이다. 도시 근교에 있었으면 모두 광장으로 끌려가 팔 다리 잘려 매연 속에 신음하고 있을 터. 나고 자란 곳에서 천수(天壽)를 누리다 죽는 것이 사람이나 동물이나 나무도 마찬가지 일 것이다.

백운산에는 왕느릅·난티·털댕강·산조팝·굴피·박달나무가 많다. 길섶의 그늘에 박쥐나무 무리를 이루었고 산뽕나무는 삼지창모양, 둥근모양의 잎이 같이 달려 발길이 떨어지지 않는다. 내려오는 길에 갈참나무, 마타리·개망초·밀나물·달맞이꽃을 바라보다 어느덧 산 아래까지 왔다. 오후 1시, 거의 5시간 걸렸다. 백룡동굴 가려다 배 시간이 안 맞아 안내소에 들렀다. 배타고 갔다 오는데 2시간 반, 사진만 찍고 산마을 수수밭을 지나 한적한 미탄면 소재지로 달려간다.

백룡동굴은 때 묻지 않은 석회동굴로 10미터 가량 들어가면 온돌·아궁이·굴뚝의 흔적이 있어 조선시대 피난 터로 추정한다. 백운산의 백, 1976년 처음 발견한 사람의 이름, 용을 붙여 백룡동굴로 불려 진 것. 1979년 천연기념물이 되

6 바라보며 즐기기 위해 심고 가꾸는 나무.

수수밭

미탄면 소재지

었고 2000년 동강댐 건설 백지화로 간신히 수몰위기를 넘겼다.

동강은 정선에서 영월까지 한강 상류구간으로 대략 60킬로미터 남짓, 영월 동쪽에 있어 동강이지만 정선이 더 길고 비경을 품었다고 여긴다. 아우라지에서 흘러와 조양강이 끝나면 동강의 시작이다. 영월읍 서강(평창강)과 섞여 남한강이 된다. 조양강, 동강, 남한강, 한강은 모두 한 줄기다. 굽이굽이 산을 돌아 흘러 경치가 빼어나고 다양한 동식물과 석회암 동굴, 기암절벽이 많다. 어느 해 여름날 밤의 어라연, 아우라지, 래프팅, 나룻배, 물안개 피어오르던 동강의 설렘은 아직도 잊히지 않는다.

탐방길

정상까지 1.9킬로미터·1시간 20분, 전체 5시간 정도

백룡동굴매표소 → (15분)돌탑이정표 → (25분)능선길 → (40분)정상 → (30분)털댕강나무 군락 → (50분)바위조망 지점 → (30분)진혼비 → (20분)갈림길 → (30분)산성터 → (30분)원점회귀

※ 더운 날 보통 걸음 산길(기상·인원·현지여건 등에 따라 다름)

골리수(骨利水)의 고향 백운산

광양 / 꽃향유 / 대극(大戟) / 히어리 / 프랙털(fractal) / 정금나무 / 도선국사 / 고로쇠나무 / 옥룡사터

산 아래 굽어보니 새의 날개에 올라타 세상을 내려다보는 기분인데 겹겹이 전라도 산들, 광양만, 들쭉날쭉 남해……. 프랙털이다. 저 아래 드나듦이 한결같은 리아스식 해안선, 끝없이 반복되는 첩첩 산들, 똑같은 모양의 나뭇가지와 나뭇잎들, 하늘의 하얀 구름, 너도 닮고 나도 닮고, 모든 것은 서로 인연처럼 닿아 있다.

백운산 광양(光陽)은 햇볕의 이름이다. 제철소 동광양시와 광양군이 1995년 통합되어 지금의 광양시가 되었다. 신흥공업도시로 많이 알려졌지만 호남에서 지리산 다음으로 높은 백운산이 있고 자연생태도시라는 것은 잘 모른다. 백운산기슭에 일제강점기부터 동경대학의 학술림이 있어 이름났다. 지리산의 차가운 북풍이 산에 막히고 따뜻한 해양성기후로 온대에서 한대까지 다양한 식물이 자라는 곳이다. 백운쇠물푸레·백운배·백운난 등 제주도 다음으로 종 다양성[1]이 우수한 식물공화국이다.

10월 12일 토요일 아침 9시 20분 백운산 아랫마을에 도착하니 바람이 세차다. 18호 태풍 "미탁"으로 15명 가까이 목숨 잃었던 것이 엊그젠데 일본으로 비켜가지만 또다시 "하기비스" 태풍은 강풍을 몰고 오는 모양이다. 진틀마을 주

1 대략 900여종이상 서식하는 것으로 알려졌다.

차장에 차를 대고 0.8킬로미터 아스팔트 걸어 논실마을로 간다. 심술궂은 바람은 모자를 몇 번씩 벗겨 초입부터 수고스럽게 만든다.

시내버스는 1시간 간격으로 운행하는데 시간을 아끼기 위해 차를 타는 것은 어차피 불가능한 일. 20분 걸어 대학 학술림 안내판이다. 송어산장 이정표 지나 나주나씨(羅州羅氏) 종중묘소 9시 55분. 작은 전원주택을 바라보다 어느덧 등산로 입구(한재1.9·따리봉3·정상4.5킬로미터)다. 오른쪽 한재를 따라가는데 발아래 여뀌는 붉게 나풀거리고 바위물소리 요란하다. 노각·졸참·비목·누리장·자귀·굴피·목서·느릅나무…….

논실 가는 길

쑥부쟁이

올라가는 산모퉁이[2] 나그네 발길을 유혹하는 보랏빛 꽃향유, 노랑색 고들빼기, 누리장나무 붉은 꽃, 쑥부쟁이[3] 보라색 꽃, 붉은색 여뀌, 저마다 색깔을 자랑한다.

꽃향유(香薷)는 꿀풀과 여러해살이풀로 "향여(香茹)"라 불렀다. 꽃향기라 부르면 향기가 물씬 묻어날 것이라 생각한다. 향기향(香), 목이버섯 유(薷). 목이버섯 같은 향기. 그래서 예부터 어린순과 잎을 나물로, 국을 끓여 먹었다. 가루를 묻혀 튀김한다. 맛과 성질은 약간 맵고 따뜻해서 꽃과 풀을 말려 폐와 위에, 향료로 썼다. 여름에 차로 끓여 마시면 더위 먹은데, 감기, 속을 따뜻하게 하고 입냄새에도 효과 있다고 알려졌다. 밀원식물(蜜源植物)[4]. 대궁 한쪽으로 꽃이 피어선지 그 의미는 이렇다. "과거를 묻지 마세요, 가을향기".

10시 15분 본격적인 오르막 산길에는 잣·고추·사람주·화백·산뽕·산초·쪽동백·산목련·생강·당단풍나무 서로 어울려 잘도 큰다. 나뭇잎 쌓인 곳엔 미끄러워 딛기 불편하지만 수풀냄새가 즐겁게 한다.

10분 정도 지났을까? 길은 사라지고 바위, 돌, 검불들이 뒤섞여 어느 쪽이 숲인지 산길인지 구분이 안 된다. 지난 태풍으로 군데군데 모여 있는 북데기, 물길은 이리저리 멋대로 나 있다. 숲을 헤쳐 지팡이로 거미줄 걷으며 오르는데 코끝으로 강렬한 냄새.

"……."

"산초나무?"

"초피."

가시가 마주난걸 보니 초피 맞다.

초피와 닮은 산초나무가 있는데, 산초나무는 가시가 어긋난다.

2 구부러지거나 꺾어져 돌아간 자리(corner).
3 불쟁이(대장장이)딸이 가족을 먹여 살리려 발을 헛디뎌 죽은 자리에 핀 꽃이라는 전설이 있다.
4 蜜源植物 honey plant : 꿀이 많은 꽃을 피워 꿀벌을 유인하는 식물(유채·메밀·싸리·아까시나무 등)

꽃향유 가득한 산길

위로는 물푸레·산뽕·비목·느릅·산벚·박쥐·비자나무, 발밑으로 꽃향유는 보랏빛 물감을 잔뜩 뒤집어썼다. 10시 50분 오르막길 오르다 옆으로 가며, 이리저리 길을 찾아 헤매지만 간혹 나도밤나무가 나타나 지친 나그네를 위로해 준다. 다섯으로 갈라진 빨간 깍지 속 검정열매 참회나무. 서어·쪽동백·생강나무, 발밑엔 투구꽃도 보랏빛을 달았다. 아무래도 가을꽃은 어두운 색깔이 많다.

멧돼지 어질러놓은 흔적을 바라보다 드디어 등산길 찾았다. 11시. 왼쪽으로 따리봉, 한재가 가까워졌다. 바람은 여전히 모자를 벗겨 날린다. 신갈나무 지나 피나무인줄 알았는데 가만히 보니 동그란 잎을 가진 히어리나무다.

히어리는 전라·지리산을 중심으로 자라고 우리나라에서만 볼 수 있는 특산식물. 이른 봄 이삭처럼 생긴 꽃송이가 주렁주렁 달린다. 일제강점기 일본인 우에키가 조계산 송광사 근처에서 처음 발견, 송광납판화(松廣蠟瓣花)라고 했다. 송광사의 송광에 꽃이 밀랍(蜜蠟) 같다고 해서 납판화로 붙인 이름. 해방 후 지역의 사투리 "히어리(십오리→시오리→히어리)"[5]가 정식이름이 됐다. 학명(Corylopsis coreana Uyeki)에 우에키가 붙었지만 그나마 코리아가 달렸다. 산청 웅석봉에 개체수가 많다. 지금은 멸종위기식물에서 해제됐다.

바람에 시달린 신갈·철쭉·산앵도나무……. 정상이 가까워진다는 증거다. 신갈나무와 노각나무가 섞여서 자라는데 노각나무는 굵고 키도 8~10미터 이상으로 확실히 크다. 11시 10분 잃어버린 길 찾았으니 9부 능선쯤 좋은 터에 앉아 쉬기로 했다. 사과에 한 잔, 비로소 휴식이다. 이 산은 참 정갈스럽다. 숲의 정체는 정말 다양한데 흐트러진데 없이 깨끗하고 가지런하다. 까치박달· 당단풍·국수·신갈나무, 조릿대·꼭두서니. 바람은 아직도 모자를 못살게 군다. 발밑에 낯선 식물 대극(大戟)이다.

5 시오리에 하나씩 발견되기 때문이라지만 개나리, 산수유 다음으로 일찍 피는 것이라 해를 여는 나무 해여리, 발견당시 근처에 해여리 마을이 있었다는 등 여러 이야기가 많다.

송광납판화로 불렸던 백운산 히어리

능선바위

정상아래 참빗살나무

버들잎을 닮아 "버들 옻", 일제강점기 대극으로 불렸다는 것. 줄기의 유액(乳液)이 살갗에 대이면 옻을 일으킨다고 알려졌다. 굵은 뿌리 여러해살이풀, 택경(澤莖)·공거(功鉅)로도 불린다. 뿌리가 쓴맛으로 매워서 목구멍을 창(戟)으로 찌르는 듯 자극한대서 대극, 많이 쓰면 극약으로 위험하고 설사를 일으킨다. 종기·이뇨·변비 등에 쓴다. 우리나라 산야에 십여 종[6] 있지만 변종이 많다.

11시 40분 신갈나무 고목을 만난다. 아마 백 살은 될 것 인데 위로 뻗는 가지의 잎들은 활력이 좋다. 중간부분은 상처를 입은 건지 그만 말라버렸다. 10월인데도 바위에 기댄 산수국은 아직도 하얀 꽃을 달았고 신갈나무 능선 길에 반가운 이정표(한재1.8·정상0.8킬로미터). 우리는 오른쪽 백운산 정상으로 걷는다. 왼쪽으로 지리산 파노라마. 구상나무 너머 노란색 곱게 물든 히어리 이파리, 그 너머 천왕봉을 아울러 셔터를 누른다. 정오, 절경(絶景)[7]이 아니라 절승(絶勝)[8]이다. 지리산을 벗 삼아 진달래·철쭉·히어리 능선, 백운산 상봉이 앞에 빤히 보이고 오른쪽 신선대, 뒤를 바라보니 한재, 도솔봉이 자꾸 손짓하는 듯.

6 민대극(붉은대극),흰대극,두메대극,암대극(갯바위대극),낭독(오독도기),감수,지리대극 등 유독식물이다.
7 더할 나위 없이 훌륭한 경치
8 경치가 비할 데 없이 빼어나게 좋음.

산 아래 굽어보니 새의 날개에 올라타 세상을 내려다보는 기분인데 겹겹이 전라도 산들, 광양만, 들죽날죽 남해……. 프랙털(fractal)[9]이다. 저 아래 드나듦이 한결같은 리아스식 해안선, 끝없이 반복되는 첩첩 산들, 똑같은 모양의 나뭇가지와 나뭇잎들, 하늘의 하얀 구름, 너도 닮고 나도 닮고, 모든 것은 서로 인연처럼 닿아 있다.

햇살은 바위에 내려앉아 찬란한 빛을 보여준다. 그래서 광양(光陽)이다. 햇빛이 이렇게 찬란할 줄은.

"이쪽으로 잘 왔어."

"……"

"갈대밭이 보이는 언덕 ~"

"……"

신선대에 오르며 콧노래 부르는 걸 보니 신이 났다.

9 부분과 전체가 똑같은 모양으로 끝없이 되풀이 되는 구조(1975년 프랑스 수학자 만델브로트(1924~2010)가 라틴어 '프랙투스(쪼개다 fractus)'에서 처음 만들었다)

백운산에서 바라본 지리산 능선

12시 30분 호남정맥의 끝자락 백운산 상봉 1,220미터 정상(내회3.9·매봉3.6·진틀3.3킬로미터)이다. 여름에 구름과 겨울에는 눈이 쌓여 백운산인데 산 아래 고을을 중심으로 산은 날개를 쳐든 새처럼, 병풍을 두른 것같이 에워쌌다. 돌을 세워 표지석을 만들었는데 시멘트로 발랐는지 산 높이가 지워졌다. 멀리 호수 같은 한려수도. 광양만이 부옇다.

원래 백계산이었다. 신증동국여지승람(新增東國輿地勝)[10]에 "백계산(白鷄山)은 광양현의 북쪽 20리에 있는 진산이다. 산머리에 바위가 있고 샘이 있으며 샘 밑에서 흰구름이 때로 일어난다. 무릇 비는 것이 있으면 문득 효험이 있고 재계(齋戒)하는 것을 삼가지 않으면 샘이 마른다."고 했다.

정상 바위 밑에서 만난 참빗살나무. 꽃을 피운 것 같은 빨간 네 갈래 깍지열매가 파란하늘에 환상적이다. 참빗살나무와 나래회나무는 열매를 감싼 껍데기(種皮)에서 날개 같은 모서리 모양이 4개로, 참회·회나무는 5개로 벌어진다. 꽃

10 성종 때 편찬한 동국여지승람을 1530년(중종 25년)에 완성한 조선시대 인문지리서.

물오리나무

정금나무

잎 수도 모서리 모양과 같다. 점심 먹으려 바위 옆에 앉으니 멀리 섬진강이 아득하다. 내려다보는 산마을과 구불구불한 들길은 우리가 달려 온 직선의 도로와 확연히 대비된다.

남쪽의 10월인데 벌써 단풍은 2할 가량 들었다. 바위틈 구절초 하얀 옥양목처럼 더욱 곱고 잎을 따서 차를 끓이라는 듯 노각나무 이파리는 아직까지 연록색, 그래서 노각나무는 차나무 과(科)다.

오후 1시 갈림길(진틀3.6·억불봉5.6·정상0.3킬로미터)에서부터 내리막길. 당단풍·까치박달·비목·노각·서어·신갈나무 둥치는 하나같이 굵은데 숲으로 난 길옆으로 다람쥐 쪼르르 달려간다. 서로 섞인 나무들이 사이좋게 지내는 듯 다투는 흔적은 볼 수 없다. 꼭대기 가지는 나무마다 너무 넓게 뻗지 않았고 서어나무도 훌쭉하게 커서 험상궂지 않다. 당단풍의 몸매는 우산처럼 멋드러졌다. 이곳의 나무들은 모두가 매출해서 일품이다.

30여분 내려서니 신갈·서어·물오리나무. 참 오랜만에 귀한 산오리나무를 만난다.

백운산 고로쇠나무

"이 나무 이름 맞춰봐?"

"……"

"산앵도."

"정금나무."

앞서 가던 친구다.

검은 열매 몇 개를 매달았고 키가 2미터 가량. 영어이름은 코리안 블루베리(Korean Blueberry), 단맛에 항산화 작용과 염증을 억제하고 항당뇨·항암, 안토시아닌 성분이 북미(北美) 지역의 블루베리보다 두 배 정도 높다. 정금나무 추출물의 활용가치가 높아서 국외반출 승인대상 생물자원으로 지정 돼 있다.

잠시 후 계곡물소리 요란하더니 진틀삼거리 숯가마터(신선대1.2·진틀1·정상1.4킬로미터)에 닿는다. 1920~1970년대까지 참나무 숯을 구웠다고 씌어있는데 숲에는 참나무류 보다 비목·까치박달·서어나무들이 더 많다. 언뜻언뜻 나도밤나무, 박쥐나무도 잎을 벌려 숲의 일원으로 한 몫을 한다.

사람주·까치박달·서어·생강나무……. 사람주나무는 남쪽이어선지 잎이 넓다. 오후 2시경 계곡물소리 더 요란하니 여기는 병암계곡. 지금부터 고로쇠나무 집단적으로 자라는 곳이다. 아래쪽 이파리 모두 떨어지고 상층부만 잎이 남

옥룡사지

백운암

았는데 하얗게 죽죽 뻗은 몸매는 파란하늘과 대조를 이뤄 볼만하다. 백운산 고로쇠나무 수액은 만병통치약으로 알려져 많은 이들이 즐겨 찾는다.

> 도선국사[11]가 이곳 백운산 자락에서 오래도록 가부좌(跏趺坐)[12]를 틀다 일어나려니 무릎이 펴지지 않았다. 나무를 붙잡고 일어서려는데 가지가 부러져 흘러나온 수액을 마시자 무릎을 펼 수 있었다.

"뼈에 이로운 물, 골리수(骨利水)"에서 고로쇠로 불렸다. 다리가 부러져 허탈해 하던 노인이 나무에서 목을 축이는 토끼를 보고 따라서 물을 받아 마셨는데 부러진 뼈가 다시 붙었다 해서 역시 골리수가 되었다.

고로쇠수액에는 마그네슘·칼슘·미네랄 등이 있어 물보다 칼슘이 40배가량 많다는 것. 뼈의 발육과 숙취해소, 피부미용, 이뇨작용으로 노폐물 배출에도 좋다. 면역력을 높여 위장병, 폐질환에도 효과 있는 것으로 알려졌다. 고로쇠나무는 재질이 단단하고 고운 무늬로 건축·가구뿐 아니라 탄성이 뛰어나 악기·운동

11 道詵國師(827~898) 신라말 승려, 풍수대가로 영암 출신이며 성은 김씨.
12 책상다리를 하고 앉음(결과부좌).

옥룡사지 가시나무

옥룡사지 동백나무

기구에도 많이 쓰인다.

보랏빛 꽃향유, 쑥부쟁이는 아직도 발걸음을 유혹하니 어떻게 지나칠수 있겠는가? 앞서가던 친구는 저 멀리서 기다리고 섰다. 붉은 여뀌도 이 가을을 그냥 놓아주지 않는다. 계곡의 산장, 펜션을 지나 오후 4시30분 진틀 주차장에 도착하니 5시간 걸렸다.

광양시내로 내려가면서 급경사 위험한 산길 3.4킬로미터 꼭대기 백운암에 들렀는데 인적은 끊겼고 쓸쓸한 바람 홀연히 나부낀다. 고로쇠나무 몇 그루만 절집을 지키고 있었다. 오후 3시 넘어 옥룡사지 주춧돌, 토굴, 입구엔 아름드리 가시나무가 그늘을 만들어 주는데 우물과 널따란 절터가 한 때의 영광을 말해주는 듯하다. 길에 떨어진 동백나무 열매를 줍느라 한참 더뎌진다.

백계산 기슭 천년고찰 옥룡사는 통일신라 때 세워져 1878년 불타 없어지고 지금은 절터와 7헥타르에 달하는 동백 숲만 남아 있다. 도선국사가 땅기운을 돋우기(裨補) 위해 심었다는데 천연기념물이다. 도선의 호가 옥룡자(玉龍子), 숯으로 연못을 메워 절을 지은 연기설화(緣起說話)[13]는 고창 선운사와 비슷하다. 백운산 지맥 백계산은 지네가 여의주를 물고 승천하는 형세(飛天蜈蚣)라 전한다. 절은 흔적없이 사라졌지만 동백나무들만 뿌리를 내려 천년의 역사를 말해주고 있다.

13 어떤 사물의 기원과 관련된 설화(지명 연기설화, 사원 연기설화 따위).

탐방길

정상까지 6.5킬로미터·3시간 15분, 전체 5시간 정도

진틀 주차장 → (20분)논실 → (10분) 종중묘소 → (25분)등산로 입구 → (60분) *길 잃어 헤매다 지체, 능선안부 → (40분)능선 이정표 → (20분)신선대 → (20분)백운산 동봉 정상 → (10분)억불봉·진틀 삼거리 → (35분)진틀삼거리·숯가마터 → (20분)병암계곡 → (30분) 진틀 주차장

※ 올라가는 길 찾기 어려운 보통걸음의 산길(기상·인원·현지여건 등에 따라 다름)

흰 양의 전설 백양사 백암산

백양사 전설 / 보리수나무 / 비자나무 / 명산여약(名山如藥) / 진딧물 피해 / 자란초 / 버찌와 프리드리히대왕 / 국기제단 / 갈참나무

갈참나무 고목은 온갖 풍상 겪은 듯 가히 역사적이다. 절집의 연륜도 이쯤 되리라. 왼쪽으로 계곡물이 흐르고 단풍·박쥐나무 돌다리 건너려니 날개를 편 백학봉 그림자는 쌍계루 물빛에 비쳐 한 폭의 수채화. 연못에 빠진 백암산은 그야말로 선경이다. 발걸음 떼기 어렵다.

7시 출발해 8시 15분 지리산 휴게소에서 잠깐 쉰다. 6월 3일 일요일 대구에서 211킬로미터 거리, 9시반경 백양사에 도착했다. 이곳이 산행기점, 되돌아오는데 5시간 정도, 얼추 9.3킬로미터쯤 된다. 1인기준 절집 입장료는 3천원, 주차료 5천원 받는다. 입구에서부터 갈참나무 고목은 온갖 풍상(風霜) 겪은 듯 가히 역사적이다. 절집의 연륜도 이쯤 되리라. 왼쪽으로 계곡물이 흐르고 단풍·박쥐나무 돌다리 건너려니 날개를 편 백학봉 그림자는 쌍계루 물빛에 비쳐 한 폭의 수채화. 연못에 빠진 백암산은 그야말로 선경(仙境)이다. 발걸음 떼기 어렵다.

9시 45분 백양사(白羊寺) 경내는 아늑하고 부담이 없다. 학바위를 병풍삼은 절집의 추녀를 올려다보니 봉우리와 어우러져 사람의 솜씨가 아닌 듯하다. 장성군 북하면 약수리 조계종 18교구 본사, 백제 무왕시절 지었다. 8층 사리탑, 대웅전, 창문은 여염집 같고 단청도 화려하지 않아서 좋다.

절집 너머 백암산

보리수나무

조선 숙종임금 시절 학바위 아래서 어떤 스님이 불경을 외는데 흰 양이 다 듣고 눈물 흘리며 갔다고 해서, 산양들이 설법을 들으러 내려와 백양사로 불렸다. 하얀 양은 원래 천사였는데 하늘나라로 올라갔다고 한다. 그 전에는 백암사였다.

보리수나무 아래 흰 양 한 마리 세워놓았다. 여기서 백학봉까지 2킬로미터 거리. 보리수나무는 큰 하트모양 잎 찰피나무, 피나무 계통이다. 열매를 염주로 써서 염주나무, 뽕나무 과(科)의 활엽수로 인도 보리수(普提樹, 鉢羅樹)[1]로도 불린다. 석가모니가 이 나무 아래서 깨달음을 얻어 신성시 한다. 그러나 원래의 보리수는 아열대 수종이라 우리나라에 자생할 수 없다.

한편 키가 많이 커지 않는 관목류 장미목 보리수나무는 식물학적으로 관련이 없다. 빨간 열매를 따 먹으면 천식에 좋다. 그냥 먹기도 하고 잼이나 파이의 원료로 쓴다. 꽃과 열매가 아름답고 은백색 잎은 관상수, 울타리로 많이 이용한다. 비슷한 것으로 뜰보리수·왕보리수·보리장나무 등이 있다.

백학봉 거쳐 상왕봉 정상까지 갔다 내려오기로 한다. 10시 10분 올라가는 길

1 깨달음의 나무(보디브리쿠샤 Bodhivtksa)를 음역한 차음(借音).

비자나무

단풍나무, 비자나무 아래 멸가치 빼곡히 자란다. 비자나무 군락지. 갈참·사람주·굴참·비자·신갈·서어·느티나무……. 바위를 때리는 계곡물소리, 물소리에 묻힌 듯하면서도 언뜻언뜻 바람에 날리는 불경소리 처량하다. 10시 15분 갈림길(상왕봉3.6·백학봉1.3·영천굴0.5·약사암0.4킬로미터). 왼쪽 운문암(1.9킬로미터)을 두고 오른쪽으로 간다. 비자나무는 천연기념물 제153호인데 개개의 나무마다 표찰을 붙여 놓았다.

비자(榧子)나무는 주목과, 25미터까지 자란다. 비자나무 열매를 한방에서 비(榧)로 부른다. 그만큼 쓰임새가 많았다는 것이리라. 잎이 뻗는 모양이 한자 아닐 비(非)를 닮아서 비자나무가 됐다. 이파리도 마주난다. 상록수, 암수나무 따로 있다.

이듬해 가을에 익는 땅콩 같은 씨앗을 술안주로 즐겼다. 떫으면서 고소하나 독성이 있어 몸 안의 구충제로도 썼다. 향기와 탄력 있는 목재는 바둑판으로 귀하게 쳐 비자반(榧子盤)이라 했다. 습기에도 잘 견뎌 배를 만들었다. 원나라에 목재를 보냈다는 것과 제주에서 세공(歲貢)[2] 으로 바쳤다는 동국여지승람 등의 기록이 있다. 제주도·남해안·백양산·내장산 일대에 생육, 이 일대가 북쪽 한계선이라 하나 충남 서산에도 자란다. 잎은 납작하고 끝이 날카로워서 부드러운 개비자나무와 다르다.

2 해마다 조정에 바치던 물품.

10시 25분 돌계단 오르며 땀을 닦는데 염불소리 낭랑하다. 새소리, 풀벌레소리 없고 들리는 것은 오로지 적요(寂寥)[3] 속의 목탁. 극락 오르는 길은 돌계단이다. 마삭줄 하얀 꽃 핀 것 처음 봤다. 향기도 좋은데 어느덧 10시 30분(영천굴0.1·백양사1·백학봉0.9킬로미터).

영천굴 영천수

5분 오르니 누리장나무 너머 영천굴(靈泉窟), 굴속의 바위틈에서 솟아나는 샘이다. 신증동국여지승람에 "정토사 북쪽 바위중턱에 작은 암자를 지었는데 샘이 있다. 굴 북쪽 작은 틈에서 솟아나와 비가 오나 가물으나 한결같다."고 했다.

물맛은 탁월하다. 두 바가지 연거푸 마시고 물병에 또 채운다. 조선시대 때 약수로 병을 고쳤다고 씌었다. 원래 쌀이 나왔는데, 어떤 사람이 더 많이 나오라고 작대기로 쑤셨더니 물이 나왔다 한다. 가지산 쌀바위에도 비슷한 전설이 있다. 발아래 이 산의 품에 고즈넉이 싸여있는 절집이 멋스럽다.

일행이 된 사람은 멀지만 잘 왔다고 한다. 굴피·박쥐·좀깨잎·조릿대·쇠물푸레·고로쇠·산뽕·꽃싸리·좀팽·붉나무…….

"느티나무 고목은 바위에 얹혀 자란다."

"……"

"바위에 앉아서 자란다."

10시 50분 추락주의 지점(상왕봉3·백학봉0.7킬로미터)에서 잠시 목을 축인다. 11시에 다시 일어서 까마득한 나무계단을 오른다. 사람주·느티·층층나무 그늘길, 담쟁이넝쿨은 바위에 붙어있고 계곡의 긴 오르막 협곡, 굴참·느티나무 고목들은 모두 바위에 산다. 단당풍·노린재나무, 팥배나무 이렇게 큰 것은 처음 봤

3 고요하고 적적함.

백양사

다. 11시 25분 드디어 오르막계단 끝이다. 생강·산수유나무 수피는 깨끗하고 이파리도 씩씩해서 기운 넘친다. 사람주나무 잎이 넓고 크다. 위쪽으로 올라올수록 철쭉·진달래·갈참·노린재·조릿대·청미래덩굴 숲이다.

11시 30분 백학봉 0.2킬로미터 지점, 바위 너머 호남의 산군(山群), 오밀조밀 전라도 산은 참 정겹다. 5분지나 해발 651미터 백학봉(상왕봉2.3킬로미터)에 선다. 백학봉은 학이 날개를 펴고 있는 형상, 바위들이 하얀 빛이어서 백암산이 됐다.

숲속의 헬기장터 지나고 11시 45분 갈림길(왼쪽 쉬운길 백양계곡1.3· 뒤쪽 백학봉0.4·앞쪽 상왕봉1.9킬로미터), 우리는 어려운 계단으로 올라왔다. 100미터 앞 구

암사 갈림길에는 쪽동백·개옻·조릿대……. 잠깐 사이 땡볕이 내리쬐는 헬기장에서 상왕봉 정상까지 1.6킬로미터 남았다. 조릿대·산앵도·쇠물푸레·신갈·생강나무 지나자 지금부터 평평한 길과 내리막길. 그늘이 드리워진 숲길이 시원한데 이산에서 만나기 어려운 소나무 한두 그루가 오히려 반갑다.

정오에 인간세상을 굽어보는 소나무 옆에 잠시 앉기로 했다. 발밑으로 깎아지른 절벽이다.

"어르신 잠시 쉬었다 가도 되겠죠?"

"……"

구부러진 소나무에게 만수무강을 축원한다.

"……"

사람들이 하도 많이 나무에 올라 사진을 찍은 듯 반질반질하다.

"산에 오면 몸이 가벼워져."

"그래서 옛사람들은 입산수도(入山修道)해서 신선이 되었나봐. 피곤해도 산에 오면 힘이 저절로 생기고 복잡한 인생사도 풀려요."

"산은 보약이고 스승이다."

"……."

"명산여약 가경신(名山如藥 可輕身)."[4]

명산은 약과 같아 몸을 가볍게 한다.

산길에는 청미래덩굴·사초·알록제비꽃·둥굴레·까치수염·사초·새·피, 조릿대·국수·두릅·비목·신갈·산수유·산벚·신갈·작살·산앵도·물푸레·쉬나무…….

이파리마다 젖어서 축축 늘어졌다. 비 맞은 듯 진딧물에게 공격당한 것이다. 분비물 피해, 감로의 흡착(吸着) 때문이다.

진딧물의 감로(甘露)는 당분 분비물인 단물, 잘 씻기지도 않는다. 잎에 구멍을 내 즙액을 빨아먹어 식물은 말라죽는다. 빨아들인 진액을 다 소화하지 못해 배설하는데, 숨구멍(氣孔)을 막아 곰팡이, 전염병을 옮긴다. 먼지와 공해물질이 잎에 붙어 광합성 저해, 호흡장애, 대사활동 억제, 수세약화, 그을음병을 유발시킨다. 봄철 나무 아래 차를 오래 세워두면 봉변을 당할 수 있다.

사투리로 '뜸물', 경남에서는 '비리'라고도 한다. 2~4밀리미터 크기, 번식력이 좋아 한마리가 혼자 수천마리까지 불린다. 직접적인 것보다 간접 피해, 바이러스를 옮긴다. 개미는 단물을 얻으려 진딧물을 지켜주는 공생관계다. 사람이 가축을 기르는 것처럼 아예 집으로 데려와 키우는 개미도 있다. 천적은 무당벌레·딱정벌레·등에·기생벌 등이다.

12시 반 산딸나무는 홀로 꽃을 피워 지는 중이다. 봐주는 이 없어 얼마나 쓸쓸할까? 한 번 쓰다듬어 주고 간다. 갈림길(오른쪽 순칭새재2.4·뒤쪽 백학봉2.3킬

4 「學山堂印譜」 명나라 말엽 '장호'가 전각가들의 좋은 글귀를 새긴 인장을 모아 엮은 책(돌 위에 새긴 생각, 정민).

로미터)에서 바로 상왕봉 정상 741미터. 뒤쪽이 내장산, 표지석 너머 순창 읍내가 시야에 들어온다. 여기서 백양사까지 3시간 걸리는데 오후 3시까지 하산해야 된다고 씌었다.

발아래 멀리 시원한 녹색 산줄기들, 앞에는 철쭉·신갈·물푸레·생강·당단풍·팥배·산벚·쇠물푸레·꽃싸리·개산초·고추나무……. 붉나무는 바위에 붙어사느라 잎이 거칠고 두텁다. 15시 45분 기상관측장치에는 기계소리만 들리고 곧이어 능선사거리(직진 사자봉0.2·뒤쪽 상왕봉0.5·오른쪽 몽계폭포2.2·왼쪽 백양사2.9·운문암1킬로미터)에서 사자봉으로 간다. 탐방금지구역 표지 테이프가 둘러쳐있다. 자란초 군락지 식생복원지역이라는데 어설프다.

자란초(紫蘭草)는 큰잎조개나물로 불린다. 곧게 선 줄기는 50센티미터 정도 산지에서 자란다. 마주나는 잎은 넓은 타원형, 잎자루와 가장자리에 거친 톱니가 있다. 6월에 짙은 자줏빛 꽃이 피는데, 우리나라 특산종으로서 백양산, 내장산, 가야산, 공작산 일대에 산다. 황달·간염·안과·고혈압·폐결핵에도 치료 효과가 인정되고 있다.

오후 1시 사자봉 해발 723미터(주차장4.2·상왕봉0.7운문암1.7킬로미터)에 서서 먼데 한 번 쳐다본다. 곧장 우리는 직진해서 능선길 따라 주차장으로 간다. 바위 능선길 오른쪽으로 장성 댐[5]이 있고 뒤편으로 내장산, 백학봉 꼭대기도 잘 보인다.

산길 따라 걸으며 산벚나무 열매, 버찌를 씹으니 알싸한 맛이 오래도록 입안에 남는다. 검은 앵두 흑앵(黑櫻)이라 하는데 예전에는 버찌 술을 만들거나 꿀·녹말을 같이 조려서 떡을 해 먹기도 하였다. 유럽에선 체리(cherry)다.

프로이센의 프리드리히 대왕은 좋아하는 버찌를 참새가 먹어 치우는데 화가 나서 소탕령(掃蕩令)을 내린다. 그런데 두 해가 지나자 참새가 사라진 나무에는 벌레들이 생겨 버찌는 고사하고 이파리마저 남아 있는 게 없었다.

"그래서 어떻게 됐어요?"
"왕은 뉘우치고 참새를 보호하게 됐다나."

5 장성댐은 영산강유역개발사업 농업용수 목적으로 높이 36·길이 603미터, 1973년 시작해서 1976년에 마쳤다.

"……"

"뭐든지 없어봐야 소중한 것을 알아."

"옆에 있을 때 잘 해."

"……"

작살·굴참·소나무가 섞여서 자라는데 드문드문 서있는 소나무는 곧 없어지겠다. 어차피 참나무 종류들은 우점종[6], 결국 극상[7]으로 치달을 것이다. 왼쪽으로 산봉우리 멋진 소나무 있던 곳, 바위산들이 나무사이로 잘 보인다. 마주나는 이파리 참회나무는 어긋나는 윤노리나무와 헷갈린다. 마주나지만 잎이 촘촘한 참빗살나무를 쳐다보다 바위채송화 옆에서 쉰다. 산벚나무 열매는 검게 더욱 빨갛게 익었다.

오후 1시 15분 점심 먹고 가기로 했다.

"산에서 자리 잡을 때는 마른 곳이 좋아."

"어설프게 축축 한데만 골라서……."

"……"

"음기보다 양기가 좋잖아."

20분가량 머무르다 일어선다. 곧이어 갈림길(왼쪽 백양사3.1·직진 청류암1.8·가인마을2.1킬로미터)에서 백양사로 간다. 묘지석물을 바라보다 고사리 밭, 단풍취·사초……. 이산의 하층식생은 조릿대 투성이다. 고추·산목련·윤노리나무……. 오후 2시경 갈림길(오른쪽 백양사2.2· 왼쪽 능선사거리0.4· 뒷길 청류암2.4킬로미터)에서 바로 운문암 길, 굴거리나무를 만난다. 400미터면 내려 올 길을 일부러 1.8킬로미터를 돌아왔다.

6 우점종(優占種), 생물군집에서 그 군집의 성격을 결정하고 대표하는 종류.

7 극상(極相 climax), 더 이상 변하지 않는 고정된 생물군집.

박쥐나무

이제 소나무는 거의 안 보이고 이 산에는 산벚나무들이 많다. "춘백양 추내장(春白羊 秋內藏)" 봄에는 백양사·백암산, 가을은 내장산이라는 거다. 춘백양은 산벚나무, 추내장은 단풍나무를 가리킨다고 생각한다. 단풍의 유명세는 내장산에 밀리지만, 정작 산을 아는 사람들은 백암산을 으뜸으로 친다. 만추의 계절 흰 양의 전설 때문일까? 백양사 일대의 단풍은 애처롭다.

오후 2시 10분 갈림길(왼쪽 상왕봉3.1·백학봉1.8· 뒤쪽 사자봉1.4·운문암0.8· 직진 백양사1.6킬로미터)에서 하얀 꽃을 매단 박쥐나무와 고추나무, 나도밤나무를 만난다. 나도밤나무는 난대림지역, 너도밤나무는 울릉도에 자라는 나무다. 그늘 밑에 둥지를 튼 천남성을 한 참 바라보다 사진만 찍고 내려간다. 비자나무 숲 아래 멸가치도 빼곡히 자란다. 10분쯤 더 내려가서 약사암, 영천굴 입구, 아침에 들렀던 갈림길, 다시 국기제단(國祈祭壇)이다.

국기제는 국가의 환란이나 재앙이 있을 때 천신에게 지내던 국태민안의 제례의식이다. 팔도에 신하를 보내 제를 올렸는데 함경도 함흥, 황해도 해주, 평

나무아래 멸가치 군락

안도 안주, 강원도 원주, 경기도 수원, 전라도 장성, 경상도 대구, 강화도였다.

오후 2시 30분 백양사로 되돌아왔다. 녹음이 우거진 절집은 단아하면서 시끄럽지 않아서 좋다. 금줄 친 갈참나무 길 걸어 주차장에 돌아오니 오후 2시 45분, 전체 9.3킬로미터 5시간 반 정도 걸었다. 백양사 길 양쪽에는 300살 넘는 갈참나무 서른 그루 정도 자란다. 우리나라 최고령 700년 어른도 있다. 이렇게 고목으로 자랄 수 있는 건 흔치 않다. 갈참나무는 갈잎, 가장 늦게까지 잎이 달려 있어 붙여진 이름이다.

참나무는 상수리·굴참·떡갈·신갈·갈참·졸참나무 등 여섯 가지다. 이들의 열매를 도토리라 하는데 상수리나무는 임금의 수라상에 올린 도토리나무, 껍질이 두꺼워 코르크나 굴피 집 재료로 쓴 굴참나무, 떡을 싸먹던 떡갈나무, 짚신 밑창에 신갈이로 쓰던 신갈나무, 잎과 열매가 제일 작은 졸참나무 등이다.

갈참나무 길

유월의 숲길은 울창하고 호젓한데 아름드리나무가 많아서 여름철 산행도 시원하다. 그렇다고 봄의 풍광이 뒤지는 것은 아니다. 신록이 좋아야 단풍이 아름다우니 백양사 단풍도 볼만하다. 읍내로 나오니 곳곳에 홍길동 안내판이 눈에 띈다. 소설의 허구가 아니라 장성의 실존인물이라는 것.

탐방길

백양사 백암산(전체 9.3킬로미터·5시간 30분 정도)

백양사주차장 → (20분)백양사 → (25분)비자나무 군락지 → (20분)영천굴·샘터 → (40분)가파른 나무계단 → (35분)백학봉 → (25분)명품 소나무 → (40분)상왕봉 정상 → (20분)사자봉 → (20분)바위지대 점심(20분휴식) → (20분)갈림길 → (30분)약사암·영천굴 → (5분)국기제단→ (10분)백양사 원점회귀

※ 보통 걸음의 산행시간

무릉도원 백덕산

주천(酒泉) / 사재산(四財山) / 나래회나무 / 산중탁족 / 도깨비부채 / 도깨비 / 법흥사 / 적멸보궁(寂滅寶宮)

계곡물에 발을 담그니 물이 시리다. 종아리까지 서늘해서 정신이 확 든다. 이런 산중탁족은 여름산행의 절정, 흠뻑 젖은 땀을 식혀 가며 느끼는 것을 어느 열락의 순간에 비교할 것인가?

8월 2일 무더운 저녁 무렵 영월에 도착하니 마침 스물두 번째 동강 뗏목 축제가 열렸다. 풍물패 떠드는 소리, 뗏목 노 젓는 소리, 행사장 사람들 아우성까지 온갖 소리들이 여름 강변을 가득 채웠다. 여기저기 대형 천막을 쳐놓고 탁자에 난전(亂廛)[1]을 차렸는데 야시장 꽁보리밥, 묵무침, 동강막걸리 한 잔. 지역의 특유한 행사에 나라사랑 의식은 간단명료하다. 저녁노을에 이끌려 강가로 걷는데 기차는 강물위로 덜컹덜컹 미끄러져 간다. 내일 새벽 산행을 위해 읍내 시장에서 깻잎, 묵, 과자와 간단한 먹을거리 샀다. 10시 반쯤 됐을까? 에어컨 켜둔 탓에 창문을 열어보니 강변의 노랫소리 아직도 지칠 줄 모른다.

이튿날 새벽 5시 일어나서 배낭에 이것저것 가려 넣으며 간단한 아침요기. 거의 1시간 걸려 흥원사(관음사)에 도착하니 아침 7시다.

1 길에 함부로 벌여 놓은 가게

동강뗏목 축제

영월읍내 나오면서 주천면 거쳐 왔다. 얼마나 술 맛이 좋았기에 술 샘인가? 영월 서북쪽 주천(酒泉)은 원주·평창·제천과 접경. 5일장이 열리면 아낙들과 소를 끌고 나온 장꾼들로 가득. 주막마다 고달픈 민초들의 쉼터였을 것이다. 지금은 한적하지만 장돌뱅이 모여든 시끌벅적한 길목으로 70년대 초까지 수십 개의 대포집이 있었고, 일제강점기 면(面) 단위는 양조장이 하나밖에 없었는데 여기는 두 개나 있었다고 한다.

옥수수엿술이 이곳의 특산주다. 누룩과 쌀, 엿기름(엿질금)이 들어가기 때문에 단 맛이 난다. 그리하여 주천은 고구려 영토 시절부터 주연(酒淵), 신라 경덕왕 때 주천(酒泉)이었으니 술에 얽힌 땅 이름으로 가장 오래된 마을이라는 것. 술이 샘솟는 전설을 간직한 주천은 주천면 망산 밑 강가. 술이 흘러나오는 샘이었다.

계곡

제단터

양반이 와서 뜨면 머리를 맑게 하라는 의미로 청주가 솟았고 평민이 오면 농사일 잘 하라고 탁주가 솟았다. 불만을 가진 청년이 양반 차림을 해도 역시 탁주가 나오자 샘을 깨뜨려 그 후로 맑은 물만 나왔다고 한다.

어떤 할머니에게 백덕산 가는 길 물었더니 주차요금부터 내라고 한다. 4천원에 대답을 한다.

"4시간 걸려. 물도 있고."

"……"

주춤하다 그냥 믿기로 하고 2리터 물통은 두고 빈 병만 넣고 간다. 밭을 지나 조금 오르니 매미소리, 비둘기 소리, 계곡 물소리 깊은 걸 보니 크고 깊은 산임을 가늠해 본다. 올라가는 길 왼쪽 계곡으로 백옥 같은 물이 산목련, 개박달, 생강·소나무, 쪽동백·조릿대·고추나무 아래로 흘러간다. 삿갓나물, 앵초…….

7시 20분쯤 이정표(백덕산 정상2.9·관음사1.2킬로미터)에 서니 컴컴한 숲. 산위에서 내려오는 아침햇살 나무사이로 스며든다. 왼쪽 작은 무덤, 7시 25분 제단터(성황당)에 이른다. 몰락한 평창이씨가 여기 법흥골로 들어와 술로 목을 축인 곳이라 씌었다.

박달나무

산으로 오르며 물 걱정 하는데 매미소리 끝없이 따라온다. 철쭉·신갈·쪽동백나무 지나며 발밑으로 채이는 돌들. 생강나무, 며느리밥풀꽃은 무덤덤하다. 바위틈 박달나무 고목을 만나고 8시경 전망대 같은 바위(백덕산2·관음사2.2킬로미터). 신갈·층층·생강·소나무가 위층을 이루었고 그 아래 철쭉, 사초가 빽빽한 숲길인데 좁은 능선 길이다. 오른쪽 무덤을 지나 바위에 앉아 잠깐 쉬는데 이 높은 곳에 물박달나무다. 산앵도·찰피·진달래·철쭉·단풍나무…….

5층 석탑을 닮은 바위에 닿는다. 8시15분, 바위 다섯을 포갠 듯 소원바위다. 물통에 또 입을 갖다 대는데 산괴불주머니, 쥐오줌풀, 둥굴레 사촌 애기나리, 단풍취도 폭염에 시들었다. 40도 넘는 폭염 20일째다. 5분 더 올라 낙타바위. 물푸레·당단풍·개옻·미역줄나무. 오른쪽을 내려보니 아찔한 절벽, 옆에 거제수나무다. 중나리 붉은 꽃을 보며 왼쪽 북서 방향으로 능이버섯이 잘 자랄 거라고 생각하다 그만 미끄러졌다. 이런 기분 정말 안 좋지만 어쩌랴? 발밑에 둥근 나무 등걸을 모르고 밟아서 하마터면 넘어질 뻔했다.

8시 반 이정표(관음사 3.2·백덕산정상1킬로미터), 바위사이로 돌무더기 지대(石礫地)에는 어김없이 산목련, 당단풍나무가 자란다. 신갈나무 고목들 군데군데 섰고 분홍빛 며느리밥풀꽃은 햇살이 들어온 나무그늘 위쪽에만 피었다. 산삼 이파리 같은 바디나물 흰 꽃, 작살·찰피·윤노리나무가 있는 용바위를 뒤로하고 산 아래 멀리 바라보이는 전망대에 닿으니 8시 45분. 박새, 두릅·시닥·고광나무. 동자꽃은 가뭄으로 시들었는데 열매를 달지 못한 마가목도 가뭄 탓일까? 5분 더 올라 바위지대 산목련, 난티나무 지나서 1,350미터 백덕산(白德山) 정상(왼쪽 문재터널5.8·오른쪽 관음사4.1·신선봉0.7킬로미터). 하얗다는 백(白), 언덕이나 산의 어원을 덕(德)이라 하니, 백덕산(白德山)은 흰 산이다. 눈이 봄 늦도록 하얗게 덮여서 그렇게 불렀을 것이다.

소원바위

강원도 영월·횡성·평창군에 걸쳐있다. 산 아래 영월 무릉도원면은 2016년 11월 수주면(水周面)을 바꿨다. 무릉·도원리에서 딴 것. 4킬로미터 가량 떨어진 사자산(1,120미터)을 아울러 백덕산이라 부르기도 한다. 사자산 아래 남서쪽 법흥사(法興寺)는 구산선문(九山禪門)[2]의 사자산파 본산이다.

2 도의가 개창한 가지산문(장흥 보림사), 홍척의 실상산문(남원 실상사), 혜철의 동리산문(곡성 태안사), 현욱의

정상

바위 꼭대기에 서니 멀리 산들은 옅은 안개에 선명하게 보여주지 않지만 수백 킬로미터까지 물결치듯 일렁인다. 서쪽으로 치악산, 남쪽 소백산이 흐리고 가리왕산, 오대산의 능선은 더 멀게 느껴진다. 마가목, 미역줄·분비·잣나무…….

산 아래 걸어 온길 내려 보니 작은 폭포와 산중 연못들이 움푹 움푹 들어간 아직도 발길이 뜸한 원시림이다. 이산 북쪽으로 흐르는 물은 평창강(平昌江), 남서쪽은 주천강(酒泉江)으로 흘러든다. 능선에 절벽이 많아 험한 곳이지만 옛날 동쪽의 옻나무(東漆), 서쪽 산삼(西蔘), 흉년에 먹을 수 있는 흙이 있대서 남토(南土), 북토(北土)를 가리켜 네 가지 재물, 사재산(四財山)[3]이라 했다.

9시경, 사위질빵 하얀 꽃이 피었고 참회·나래회·회나무인지 헷갈리지만 나래회나무 군락지다. 나래는 날개를 뜻한다. 가만 들여다보니 십자모양 까끄라

봉림산문(창원 봉림사), 도윤의 사자산문(영월 법흥사), 범일의 사굴산문(강릉 굴산사), 도헌의 희양산문(문경 봉암사), 이엄의 수미산문(해주 광조사), 무염의 성주산문(보령 성주사).

3 꿀을 더하기도 한다.

내려다 본 산들

기(蒴果)[4] 열매에 4개의 날개가 있다[5]. 회나무는 날개가 생기다 말았고 참회나무는 아예 없다. 두 나무 모두 열매는 5개로 갈라지는 것이 또한 다르다.

깊은 산골짜기에 자라고 추위에 잘 견디지만 건조에 약한 것이 나래회나무의 흠이다. 7미터까지 자라고 마주나는 잎은 달걀을 거꾸로 세운 듯, 끝이 뾰족하며 가장자리 톱니가 있고 털이 없다. 10월에 붉게 익는 열매 속의 종자는 붉은 빛을 띤 갈색이지만 노박덩굴 과(科) 계통은 변종이 많다. 쓴 맛으로 배 아픈데, 가위 눌린데, 뱃속 해충을 죽이고 당뇨·혈압·생리불순·항암·진정·혈당 낮추는데 좋다고 알려져 있다.

나래회나무

4 속이 여러 칸으로 나뉘어져 각 칸에 많은 종자가 들어있는 열매의 구조(삭과)

5 나래회나무는 열매를 감싼 껍데기(種皮)에서 날개 같은 모서리 모양이 4개로, 참회·회나무는 5개로 벌어진다. 꽃잎 수도 모서리 모양과 같다.

10분 더 내려가서 바위길에는 산목련이 반겨준다. 나래회나무 아래를 걷는데 발밑에는 며느리밥풀꽃 한껏 입을 벌려 더욱 빨갛다. 미역줄나무 지나자 지금부터 내리막 산길이다. 2시간 동안 올라올 때 오르막 땀을 많이 흘렸는데 어느덧 신선봉 내리막길, 이정표도 없고 해서 잠시 쉬기로 했다.

정상에서 만난 서울사람은 한사코 뒤따라온다. 100대 명산 가운데 스무 개 산이 남아서 이산으로 왔다고 한다. 9시 45분 촛대바위 갈림, 오른쪽으로 내려가는 계곡길이다. 5분 지나자 관음사3.2·정상1.3킬로미터 적힌 안내판 지점이다. 산벚나무, 철쭉과 헤어져 어느덧 박달나무 군락지. 왼쪽의 돌무덤 근처에 붉은 색깔 소나무 몇 그루 발길을 더디게 한다. 10시 10분 지나고 가파른 내리막, 아름드리 잣나무도 씩씩하다. 50보 지나서 이정표(정상2.4·관음사2.1킬로미터). 고추나무 무더기로 자라고 고광·산뽕·쪽동백·당단풍나무…….

잇달아 닿은 화전민 터에는 팻말이 하얗게 색이 바랬고 동자 꽃 몇 송이만 이곳을 지킨다. 칡넝쿨이 나무를 친친 감아 숨통을 누르지만 우리는 동자승이 됐다. 산뽕·다래나무 아래로 물이 졸졸졸 흐른다.

마지막 지점 계곡에 앉아서 물통 가득 채우고 쉬기로 했다. 투구꽃·멸가치·산뽕나무, 관중·수국·파리풀……. 부부가 산을 올라가면서 부러워하는 눈치다.
“이산 언제 다 올라갈까 걱정입니다.”
“……”
“사람들 있습니까?”
“드문드문 있어요. 금방 올라가니 걱정 마세요.”
“…….”

계곡물에 발을 담그니 물이 시리다. 종아리까지 서늘해서 정신이 확 든다.

도깨비부채

이런 산중탁족(山中濯足)[6]은 여름산행의 절정(絶頂), 흠뻑 젖은 땀을 식혀 가며 느끼는 것을 어느 열락(悅樂)[7]의 순간에 비교할 것인가?

도깨비부채를 만난 건 10시 35분, 습기가 많아서 도깨비가 나올 것 같은데 관중도 기세 좋게 잎을 쳐들었다. 잎 모양이 수레 살처럼 나므로 수레부채라고도 한다. 중부이북 깊은 산 계곡 그늘에 잘 자라며 뿌리줄기(根莖)로 번식한다. 줄기는 곧고 6~7월 흰색, 노란색 꽃이 피고 1미터까지 자란다. 도깨비 방망이는 횡재의 상징, 그래서 행복·즐거움이 꽃말이다. 잎 가장자리에 톱니가 있어 마치 도깨비 방망이처럼 보이기도 한다.

도깨비부채는 먹지 않는다. 그러나 멜라닌 색소억제 효과를 내는 물질이 있는 것으로 알려졌다.

---

6 산속의 흐르는 물에 발을 담그는 일(전통적 피서법).

7 기뻐하고 즐거워 함.

고인돌

"도깨비 나오기 딱 좋은 곳이다."

"……"

산골에서 만난 어떤 처녀가 다리가 아파 걷지 못하자 총각은 등에 업고 밤새 걸었는데 등이 허전해서 만져보니 헌 빗자루를 업고 있었다고 한다.

이런저런 도깨비 생각에 무심코 등에 짊어진 배낭을 만져본다. 신라 처용설화의 역신과 처용을 도깨비의 원형으로 보기도 한다. 선과 악이 공존, 인간의 생명에도 영향을 끼치는 복합적인 귀신으로 볼 수 있다. 가끔 사람과 친밀하고 비슷한 모습으로 나타나지만 인간을 약탈하기는커녕 재물과 요술 방망이 같은 것들을 주면서 장난치기도 한다. 설화에서 한국 도깨비는 사람·괴물·불·소리 같은 일정한 형체가 없는 모습으로 나타난다.

법흥사 200살 밤나무

11시, 고인돌에 닿는데 마치 지석묘 같이 생겼다. 길이 20, 높이 4미터쯤 되는 석회암 바위에 무당들 굿판을 벌이기 좋은 곳, 여기저기 치성을 드린 흔적이 즐비하다. 5분 더 내려가서 너럭바위에 물이 넘쳐흘러 광대싸리·병꽃나무·산목련도 푸른빛 열매를 달았다. 불과 20여 분 사이 젖은 옷이 다 말랐고 흥원사 입구(관음사)까지 전체산행 4시간 15분 걸렸다.

닫혀 있는 대웅전, 삼성각은 왜 그리 크게 지었는지 퇴락하기 쉬웠을 것이다. 뜨거운 여름 햇살을 차 위에 얹어두고 10분 후 사자산 법흥사. 횡성•평창•영월의 경계에 사자산(獅子山)이 있고 남쪽 기슭에 법흥사(法興寺)인데 예로부터 이 일대를 일러 속세를 피해 살 만한 곳이라 했다. 동쪽에 백덕산, 서쪽 삿갓봉, 남쪽은 연화봉이 둘러섰다. 선덕여왕 때 자장은 당나라에서 돌아와 오대산 상원사·태백산 정암사·양산 통도사·설악산 봉정암 , 그리고 영월 법흥사에 부처의 사리를 봉안했는데 5대 적멸보궁(寂滅寶宮)[8]이라 불리고, 이곳을 사자산문의 근본 도량(道場)이라 일컫는다.

200살 먹은 밤나무 뒷길 소나무 길을 걸어 만다라전, 적멸보궁. 되돌아오는데 20분가량 걸렸다. 영월읍내 나가면서 막국수 집에 들러 넉넉한 강원도 인심을 맛본다.

---

8 부처의 진신사리(眞身舍利)를 모신 법당(法堂).

탐방길

정상까지 4.1킬로미터·1시간 50분, 전체 4시간 15분 소요

흥원사(관음사) → (25분)제단터 → (30분)전망대 → (20분)소원바위 → (25분)용바위 → (10분)백덕산 정상 → (40분)신선봉 → (15분)촛대바위 갈림 → (35분)화전민터 → (40분)고인돌, 계곡길 → (15분) 흥원사(관음사)

※ 계곡을 따라 올라가는 보통걸음 산길(기상·인원·현지여건 등에 따라 다름)

남편을 원망한 방등산가(方等山歌) 방장산

양고살재 / 벽오봉 비석 / 방등산가 / 갈재와 노령산맥 / 홍길동 / 은방울꽃과 명이나물 / 필암서원

소나무 사이 방장산은 말갛게 씻은 듯 선명하고 소나무에 기댄 돌탑, 초원 같은 이곳에 바위들마다 고인돌처럼 널브러졌다. 벽오봉에서 바라보는 끝없이 펼쳐진 고창읍내의 벌판, 그 너머 부안 줄포만인 듯, 높고 시원하게 탁 트였다는 것이니 이름 하나 잘 지었구나, 고창(高敞).

6시 출발해서 7시에 들른 지리산 휴게소에는 사람들 대신 안개로 가득하다. 오월의 산하(山河)는 초록, 하룻밤 지나면 새롭게 싹트는 신록(新綠)이다. 5월 17일 일요일 장성군 북이면, 고창군 고창읍 경계 양고살재(방장산4.7·쓰리봉8.1·억새봉2.7·방장사 0.7킬로미터). 병자호란 때 광교산 전투에서 고창 사람이 청나라 누루하치 사위 양고리(陽古利)를 죽였대서 전공(戰功)을 기려 양고살(陽古殺) 재(峙)라고 전한다.

양고살재

8시 반에 방장사로 오른다. 삼나무 숲 지나서 상수리나무 오르막길, 병아리

울음 같은 해맑은 산새소리 들으며 다리에 힘을 주는데 벌써 내려오는 두 사람은 신나게 걷는다.

"안녕하세요?"

"대단하십니다."

"……"

오르막길

굴피·상수리·신갈·떡갈·고추·박쥐·산벚·생강나무……. 방장사 오르는 돌계단으로 다람쥐 조르르 달려간다. 8시 50분 방장사 대웅전은 암자처럼 고즈넉하고 산신각에 서니 안개서린 발아래 희미하지만 세상을 굽어볼 수 있다. 담쟁이 석벽에 붙어살고 음각으로 새긴 바위보살, 염주나무라 부르는 피나무 이파리 뒷면이 희어서 절집은 더 허름해 보인다.

방장사

9시경 등산길 합류지점에서 다람쥐를 또 만나고 5분 걸어 능선에 오르니 안개는 이리저리 날아다닌다. 왼쪽으로 걸어가는 산길엔 신갈나무 숲, 굴피·상수리·노린재·당단풍·복분자·국수나무들. 5분지나 갈림길(공설운동장1.6·방장산3.4·양고살재1.3킬로미터), 산 아래 흐린 풍경이 멀고 정상을 향해 오른쪽으로 내려선다. 노린재나무 봄바람에 하얀 꽃 피워 살랑살랑 춤추는데 멀리 산비둘기 소

고창벌

리. 상수리나무, 복분자, 덜꿩나무 흰 꽃도 산길에 서서 나그네 눈길을 붙잡는다. 신갈·층층·소나무 밑에 파란 이파리 초롱꽃 군락지. 꽃싸리나무 분홍빛이다. 9시 20분 갈림길(공설운동장3·산림욕장1·방장산1·양고살재1.7킬로미터), 왼쪽으로 고창읍내가 훤하고 오른쪽엔 방장산 정상으로 안개 걷히기 시작했다. 멀리서 온 나그네 마음을 헤아린 듯.

산악자전거 바람처럼 휙 지나는데 임도 합류지점 9시 반이다. 안개는 걷히고 해가 비쳐 따갑다. 잠깐사이 벽오봉(碧梧峰 640미터)에 서니 고창읍내 너머 멀리 대평원 곡창지대. 고개 돌려 왼쪽을 바라보면 구름은 산에 걸렸고 아침햇살과 어우러져 환상을 연출하고 있다. 소나무 사이 방장산은 말갛게 씻은 듯 선명하고 소나무에 기댄 돌탑, 초원 같은 이곳에 바위들마다 고인돌처럼 널브러졌다. 벽오봉에서 바라보는 고창읍내 끝없이 펼쳐진 벌판, 그 너머 부안 줄포만인 듯, 높고 시원하게 탁 트였다는 것이니 이름 하나 잘 지었구나 고창(高敞). 방장산과 노령산맥 조망은 일품이다. 바위에 앉아 잠시 물 한 잔, 이내 다시 일어선다. 9시 45분.

열아홉 남매를 낳았다는 유래가 적힌 남원양씨비석, 참회나무가 지키고 섰다. 여인의 비석을 세운 곳은 손가락에 꼽을 정도다. 포항 구룡포 광남서원(廣南書院)에 여종 단량의 비석이 있고 그나마 김부용 등 한 시절 풍미한 기생들 몇몇으로 드물다. 그 잘난 사대부들은 남존여비를 앞세워 얼마나 핍박을 하고 멸시를 했던가? 오늘날 여성들이 주도권을 잡은 시대는 누구를 탓할 것도 없고 결코 저절로 이루어지지 않았음을 생각해 본다.

방등산에 산적들이 들끓었는데 마을로 내려와 약탈을 일삼은 뒤 부녀자들을 산으로 끌고 갔다. 한 여인이 구하러 오지 않은 남편을 원망하며 읊었는데 가사는 전하지 않지만 백제가요 방등산가(方等山歌)다.

방등산은 방장산이다.
"……"
"오죽하면 남편을 원망했겠어?"
"의리 없는 놈이라 했을 것이다."
"글쎄."
"……"

발자국 디딜 때 마다 원통했던 아낙의 생각을 떨칠 수 없다. 잠시 후 방등산 유래를 새긴 우람한 바윗돌을 마주한다. 예로부터 노령에 도적이 떼를 지어 대낮에도 겁탈을 하여 길이 통하지 않았다고 전한다. 노령(蘆嶺)은 한자로 갈대·억새 고개로 갈재다. 여기서 22킬로미터 지점,

능선길

장성과 정읍을 가르는 고개로 내장·방장산으로 이어진 산줄기 안부(鞍部)[1] 전라남북도의 경계지점. 노령산맥[2]은 갈재에서 유래됐다. 충북 영동에서 전남 무안에 이르는 소백산맥의 지맥으로 추풍령(秋風嶺) 부근에서 남서로 이어진다. 운장·마이·내장·방장산 등을 따라 무안군도(務安群島)까지 대략 200킬로미터 거리, 한반도에서 높이가 가장 낮은 노년기 산이다.

갈재는 홍길동의 무대로 알려져 있다. 연산군 때 장성군에서 태어났다는 것. 서얼(庶孼)[3] 차별로 벼슬 못하고 의적으로 신출귀몰(神出鬼沒)[4]했다. 탐관오리(貪官汚吏)[5] 재산을 빼앗아 가난한 백성에게 나눠주며 화개장터, 진주까지 세력을 떨쳤다. 의금부에 체포되어 가혹한 고문으로 죽었지만 100여년 지나 허균이 지은 최초의 한글소설 홍길동전으로 다시 살아났다.

전북 고창과 전남 장성 경계에 자리 잡은 방장산. 방장(方丈)은 절집의 어른, 우두머리. 우뚝 솟은 정상과 장쾌한 능선은 이름값을 한다. 숲이 울창하고 험해서 가히 도적떼가 나타나지 않을 수 없는 산세다. 크고 넓어 감싸준다는 의미로, 삼신산[6]의 하나인 방장산과 같다 해서 그렇게 불렸을 것이다. 지리산 무등산과 함께 호남의 삼신산이라 부른다.

초원의 억새봉(636미터)을 두고 걷는데 청미래덩굴은 아직 풋냄새가 난다. 조릿대·노린재·서어·국수·쥐똥·신갈·층층·비목나무, 산괴불 노란 꽃은 다 졌고 흰색 노린재나무 꽃, 족도리풀·산소리쟁이 두고 다시 내려가는 길에 해맑은 파랑새 소리 길게 따라온다. 산길 오른쪽으로 편백나무 숲 10시쯤 갈림길(방장산1.3·방장산휴양림2.3·패러글라이딩장0.4킬로미터). 숲 그늘 밑으로 금마타리 노란색

1 움푹 들어간 산마루(말안장).
2 조선시대 산경표에는 호남정맥으로 불렸다(고토분지로(小藤文次郎)에 의해 노령산맥으로 불림).
3 양반 자손 가운데 첩의 소생.
4 귀신처럼 나타났다 사라졌다 함.
5 탐욕이 많고 행실이 옳지 못한 관리.
6 중국 전설의 신산(神山), 봉래(蓬萊)·방장(方丈)·영주산(瀛洲山).

꽃, 병꽃나무 연붉은색, 엉겅퀴 봉오리는 곧 필듯말듯 하고 고사리, 돌단풍도 친구들이다.

20분 더 걸어 고창고개 갈림길(용추폭포2.5·양고살재3.4·패러글라이딩장0.9휴양림1.5·정상1.3·쓰리봉4.3킬로미터), 이산은 온 천지에 노린재나무 하얀 꽃이 솜털처럼 활짝 피었다. 철탑아래 좀깨잎·사위질빵·팥배·회나무, 노박덩굴, 흰 꽃에 점을 찍은 개별꽃. 10시반 오르막은 살이 두툼한 육산(肉山)이다. 애기나리·둥굴레·복분자·족도리풀·옥잠화, 노란 양지꽃·산오이풀. 산 중턱에 서니 멀리 벽오봉이 빤히 보인다.

노린재나무 꽃

10시 50분, 해발743미터 방장산 정상에 닿는다. 철쭉꽃 떨어지고 산수유·신갈·쇠물푸레·노린재·복분자·산벚·소나무……. 멀리 쓰리봉[7], 장성 북이면 풍광이 한눈에 들어온다. 북동쪽으로 내장·백양·추월·강천산이렸다.

"방장산, 이름값 하는군."
"……"
"이 산에 왜 여태 안 왔지?"
"너무 멀어서."
"……"

7 한국전쟁 때 미군들이 붙인 이름으로 알려졌다.

방장산 정상

방등산가 표석

감탄하면서 올라온 산, 나무 그늘에 앉아 쑥떡·도넛·참외·토마토 점심. 11시 15분에 내려간다. 개별꽃·사초·나리·애기나리·삿갓나물, 산뽕·물푸레·층층나무. 전망대 서서 산 아래 죽청 저수지, 벽오봉 마주하고 심호흡을 한다. 11시 40분 철탑, 5분쯤 걸어서 다시 고창고개 지나 정오 무렵 너덜지대, 낮은 오르막 길 억새봉 활공장, 벽오봉 제단이다. 산오이풀, 제비꽃도 보랏빛 꽃잎을 열었다.

벽오봉

서어·굴피·물푸레·신갈·노린재·복문자·꽃싸리·국수·떡갈·고추·팥배·진달래·비목나무……. 12시 20분 공설운동장 갈림길 지나 발 밑으로 은방울꽃 군락지인데 잘못하면 산마늘로 알고 뜯어먹을 수 있겠다 싶어 걱정된다. 표지판이라도 세워 놓으면 좋으련만.

명이나물로 부르는 산마늘은 잎마다 줄기가 있고 은방울꽃은 한줄기에 여러 잎이 나온다. 명이는 문지르거나 냄새를 맡으면 마늘향이 진하게 난다. 은방울꽃은 멍이 들었을 때, 소변을 잘 나오게 하는 약재로, 고급향수의 원료로 쓴다. 그렇지만 독성이 있다. 명이나물로 알고 잘못 먹어 종종 사고가 난다.

10여분 지나 무덤 갈림길(해발 579미터), 따가운 햇살에 땀 흘려 옷은 다 젖었다 마르길 몇 번. 지금부터 능선 숲길이다. 수시로 모자를 벗고 이마에 흐르는 땀을 닦으며 내리막길 내려선다. 콧노래 나올 정도로 상쾌한 구간이다. 상수리·

쇠물푸레·팥배·신갈·떡갈나무……. 오른쪽으로 틀어 방장사로 내려선다. 아침에 만난 젊은이들이 왜 일찍 내려오는가 싶었는데 오호라, 벽오봉 활공장에서 야영을 했던 것이다. 낙락장송(落落長松) 아래 땀을 닦으면서 시원한 바람을 맞는다. 샘물 한 잔 생각하다 일어서니 목이 마르다. 지도에는 이산 활공장 아래 샘터 표시가 있는데 몇 번 눈여겨봐도 물이 없다. 아쉬움 뒤로 하고 대나무 숲길 잠시 지나 절집 입구에서 다람쥐를 세 번째 만났다. 인기척 없는 퇴락한 절집으로 다시 올라 아쉬운 대로 물탱크 꼭지를 틀어 몇 모금 마셨다.

"저게 무슨 나무지?"
"……"
"글쎄, 무등산에서 많이 봤는데"
"무궁화 이파리를 닮은 거."
"고광나무."
"……"

오후 1시 너덜지대에서 만난 박쥐나무 몇 잎을 딴다. 갈참·비목·굴피나무……. 삼나무 숲을 지나 오후 1시 넘어 양고살재로 다시 돌아왔다. 신발에 묻은 흙먼지를 털려니 그늘 밑으로 차들이 점령해서 서로 뒤엉켜있다. 멀리 있는 지정된 주차장을 고집했으니 정직한 우리만 바보가 됐다. 따가운 햇살에 미간(眉間) 주름은 더 깊어졌다.

40분가량 달려 필암서원[8], 동입서출(東入西出)을 생각하며 들어가다 꽝 하고 머리를 부딪쳤다. 한참동안 머리가 어지럽다. 왕릉·향교·서원 등을 드나들 때 일반적으로 동쪽(오른쪽)으로 들어가고 서쪽(왼쪽)으로 나오는 것이 유교의 예절이다.

---

8 2019.7월 아제르바이잔에서 열린 유네스코 총회에서 서원(書院) 9곳이 세계문화유산으로 등재됐다. 소수(영주)·옥산(경주)·도산(안동)·병산(안동)·도동(달성)·남계(함양)·무성(정읍)·필암(장성)·돈암(논산)등이다.

“아이고.”

“옛날 사람들은 왜 키가 작았지”

“……”

“키 타령하지 말고 겸손하라는 거다.”

필암(筆巖)은 하서의 고향마을 입구에 붓처럼 생긴 바위, 문필봉(文筆峰)을 의미한다. 경내에는 백송(白松)이 심겨져 있고 홍살문을 지나자 서원으로 들어가는 문루 확연루(廓然樓). 확연은 맑고 크며 공평무사한 확연대공(廓然大公)의 뜻, 휴식공간이다. 널리 모든 사물에 공평한 군자의 학문태도를 말한다. 편액(扁額)[9]은 우암 송시열의 글씨라고 한다. 하서(河西) 김인후(金麟厚 1510~1560)는 조선 중기 성리학자, 중종 때 문과에 급제하고 세자였던 인종을 가르쳤다. 인종이 즉위 9개월 만에 죽고 을사사화가 일어나자 장성으로 돌아와 성리학연구와 후학을 기르는데 힘썼다. 필암서원은 선조 때 지어졌고 대원군 때도 헐리지(毁

9 널빤지·종이·비단에 글씨를 쓰거나 그림을 그려 문 위에 거는 액자, 현판.

撤)[10] 않았다.

"문불여장성(文不如長城)"

"글은 장성을 따르지 못한다."

"……"

"여불여장부(女不如丈夫)"

"무슨?"

"하여튼 여자는 남자를 잘 만나야 돼."

"……"

산적소굴로 붙잡혀간 기구(崎嶇)[11]했던 아낙의 사연이 쉽게 지워지지 않는다.

10 전국 1천여 서원 가운데 47개만 남았다.

11 세상살이 순탄하지 못하고 험함.

탐방길

정상까지 4.7킬로미터·2시간 30분, 전체 4시간 30분 정도

양고살재주차장 → (20분)방장사 → (10분)능선갈림길 → (20분)고창 공설운동장 갈림길 → (20분)벽오봉·비석·방등산표지석 → (30분)휴양림갈림길 → (50분)방장산정상 → (90분)고창 공설운동장 갈림길 → (20분)방장사 → (10분) 주차장 원점회귀

※ 두 사람이 쉬엄쉬엄 걸어가며 걸린 시간

변화무쌍 안개구름 민주지산

물한계곡 / 민주지산 유래 / 상촌탁주와 산골풍경 / 백두대간 / 고토분지로 / 석기봉 삼두마애불 / 단전 / 노루오줌 / 각호산대피소 / 난티잎개암나무

구름이 많아 조선시대에는 백운산이었으니 그 구름을 바라보고 있다. 구름은 하얀 바람을 이끌고 내게로 온다. 세상의 나그네 되어 온갖 슬픔을 맛보지 않고서 어찌 저 구름을 알 수 있으리. 멀리 덕유산, 백운산, 지리산은 닿을 듯 가깝고 백두대간이 구름을 헤치며 남으로 흘러간다.

"신 새벽 뒷골목에 네 이름을 쓴다. 민주주의여 내 머리는 너를 잊은 지 오래, 내 발길은 너를 잊은 지 너무 오래… 네 이름을 남몰래 쓴다… 민주주의여 만세."[1]

"민주지산은 민주화 운동하던 사람들이 자주 오르던 산이다."

"……"

"데모(demo)[2]는 안 하고 왜 산으로 왔을까?"

9월 6일 아침 8시 40분 충청북도 영동군 상촌면 물한리 물한계곡이다.

1 타는 목마름으로(김지하).
2 반대·항의 의사를 집단적으로 가두행진에 의해 나타내는 집단행동(demonstration).

삼도봉·각호산·민주지산 등 해발 1천 미터가 넘는 산들이 흘려보낸 20여 킬로미터에 이르는 깊고 깨끗한 물길이다. 말 물(勿), 한가할 한(閑), 한가하지 않다는 뜻. 한가할 겨를이 없으니 쉬지 않고 흐르는 물길 아닌가?

등산로 입구에는 더덕·고사리 등 온갖 산나물을 팔고 민박과 식당이 많다. 추자(楸子)로 부르는 가래나무, 풍접초를 쳐다보다 황룡사 절집 앞으로 흐르는 계곡물소리 들으면서 올라간다. 잠깐 걸었는데 땀이 비 오듯 하지만 계곡을 따라 조금 올라가자 시원한 바람이 느껴진다. 9시 25분 잣나무·낙엽송지대,

이삭여뀌

쪽새골 갈림길인 듯. 오른쪽으로 올라가면 정상까지 3킬로미터 거리(왼쪽길 삼도봉3.8·석기봉5.2·민주지산7.3킬로미터). 비를 맞은 물봉선·이삭여뀌·산괴불주머니, 고추·고광·산딸기·까치박달·산뽕·비목·쪽동백·당단풍·생강나무……. 까치박달나무는 잎이 어긋나는데 주맥이 뚜렷하다.

오전 9시 40분, 갈림길(석기봉2.3·물한계곡2.3킬로미터, 왼쪽 삼도봉3·석기봉4.5킬로미터)에서 청설모를 만난다. 산길을 가로질러 가는데 층층나무 이파리 와르르 떨어진다.

"민주와 독재가 싸웠는데 누가 이겼지?"

"……"

"민주가 이겼지."

"그래서 민주지산이 됐어."

"……"

민주지산은 민주주의(民主主義)와 아무 관련이 없는 산이다. 민두름하고 밋밋한데서 유래된 것으로 민두름산으로 불리다 일제강점기 민주지산(岷周之山)으로 고착화되었다. 산이 두루 많다고, 산 이름 민(岷), 두루 주(周). 한자는 소리만 빌려온 것. 옛 지명은 지형·산세·전설 등으로 구전(口傳)되다 변음 되기도 하고 나중에 한자로 적으면서 이두식(吏讀式)으로 음차(音借) 했을 것이다. 동국여지승람·대동여지도에는 백운산(白雲山)이다.

5분가량 걸어 음주암 폭포 갈림길, 오른쪽으로 삼도봉 가는 길이다.

"이름 한번 잘 지었다."

"음주암이라, 한 잔 마셔야 하지 않나?"

"……"

물이 좋아서 상촌탁주는 투박하면서도 깊은 맛이 제격이다.

삼도봉

어느 해였던가? 영동군 상촌면 하고자리 오두막, 산골나그네 되어 드나들었던 때. 골짜기로 가려면 참새 방앗간처럼 상촌 술도가에 들렀다. 아낙네 엿보듯 깊은 술독을 들여다보며 허름한 점방에서 마셨다.

새 한 마리 날지 않은 외딴집에 곶감시렁 하얗던 골짜기. 닭 울음 깊은 산을 깨우고 그때쯤 피어오른 연기는 산자락에 걸려있었다. 강줄기 따라 얼어버린 산 울음 장작불에 누눅해지면 들이켰다. 질흙의 전설 담긴 사발에 입술을 대던 밤, 그때의 일들은 강물처럼 흘러갔다.

신갈나무 쉽터에 닿으니 삼도봉까지 1.5킬로미터, 10시 반경 삼마골재(삼도봉0.9·석기봉2.3·황룡사3.5·해인리2.3킬로미터)에 안개가 스치는데 물푸레·쇠물푸레·미역줄·다릅나무들이 일행을 맞는다. 10시 50분 삼도봉(三道峰 해발1,178미터, 석기봉1.4·민주지산4.3·황룡사4.4킬로미터)이다. 발아래 동쪽 산골은 나의 문우(文友)가 사는 곳. 소리쳐 부르면 닿을 것 같지만 불러봐야 속계와 선계에 떨어져 있으니 부질없는 일 아닌가?

삼도봉에서 바라본 백두대간

삼국시대 백제와 신라의 접경, 민주지산은 이들이 각축을 벌인 역사의 무대다. 헬기장에는 미역줄나무, 며느리밥풀꽃, 노란색 꽃 마타리…….

구름이 많아 조선시대에는 백운산(白雲山)이었으니 그 구름을 바라보고 있다. 구름은 하얀 바람을 이끌고 내게로 온다. 세상의 나그네 되어 온갖 슬픔을 맛보지 않고서 어찌 저 구름을 알 수 있으리. 이 산 여러 번 왔지만 맑은 날 두어 번, 대부분 안개와 구름이 덮여 있었다. 삼도봉 능선에는 계절 따라 철쭉·진달래·단풍나무들이 군락을 이루고 등산객의 발길이 끊이지 않는 곳. 2시간 정도면 오르내릴 수 있다

멀리 덕유산, 백운산, 지리산은 닿을 듯 가깝고 백두대간(白頭大幹)이 구름을 헤치며 남으로 흘러간다. 백두산에서 금강·설악·태백·소백산을 거쳐 지리산으

로 이어지는 큰 산줄기 1천400킬로미터를 백두대간으로 부른다. 2005년 백두대간보호법이 생겼다. 조선 후기 실학자 신경준 선생이 우리나라 산지를 1대간(大幹)·1정간(正幹)·13개 정맥(正脈) 체계로 산경표(山經表)를 만들었다.

1903년 일본의 지리학자 고토 분지로(小藤文次郎 1856~1935)는 1900~1902년 두 차례 한반도를 조사했다. '조선산악론'에서 제시한 산맥개념이 바로 태백산맥, 땅 밑 지질에 따라 정리한 것으로 지도상에 산맥을 표기, 한국·요동·중국 등 세 방향[3]으로 만들었다. 차령·노령·적유령·묘향산맥 등의 이름은 이때 나온 것이다. 태백산맥은 함경남도 안변에서 부산까지 이어지는 약 600킬로미터, 가장

3 ①한국방향 : 마천령·낭림·태백산맥 ②요동방향 : 강남·적유령·묘향·함경·언진·멸악산맥 ③중국방향 : 마식령·광주·차령·노령·소백산맥

석기봉

긴 산맥이다. 한반도 동쪽에 마치 등뼈처럼 길게 뻗어 북한의 낭림산맥과 함께 척량산맥(脊梁山脈)으로 불렸다. 지하자원 수탈을 위해 광맥을 산맥이름으로 붙였다는 얘기도 있다.

처음 이 산에 오는 사람들은 다소 완만한 삼도봉 쪽으로 많이 오른다. 삼거리 쪽새골에서 민주지산으로 바로 오르는 구간은 훨씬 가파르고 험할 뿐 아니라, 등산로가 수시로 사라지기 때문에 자칫 길을 잃고 헤맬 수 있다. 하지만 어김없이 나뭇가지에 붉고 노란 산악회 리본이 달려있다.

벌써 하얀 꽃을 피운 구절초를 바라보다 11시 5분, 물한계곡 갈림길(석기봉 0.5·삼도봉1킬로미터), 물한계곡은 거리표시가 없다. 물한계곡은 폭만 줄어들 뿐 능선을 오를 때까지 물 흐르는 소리가 메아리친다. 계곡이 깊어 선녀들이 내려와 목욕을 하기 좋은 깊고 너른 초록 연못들이 이어진다. 능선길 5분정도 지나고 팔각정자, 곧이어 해발1,200미터 석기봉에 올랐다(민주지산2.9·각호산6.3·삼도봉1.2킬로미터). 석기봉(石奇峰)은 옹기종기 엉키듯 쌓인 기이한 돌 봉우리, 쌀겨봉이라 부르기도 한다.

민주지산 능선길

바위틈에 양지꽃, 다래·산목련·호랑버들·진달래·철쭉을 만나면서 삼불(三佛) 바위를 찾는다. 바위지대에 밧줄이 달렸고 위험해서 밑으로 돌아가는 길도 있다. 녹음이 우거진 봄과 여름철에는 그냥 지나치기 쉬워 몇 차례 허탕쳤다. 발을 헛디뎌 다칠 수 있으므로 어느 쪽이든 주의해서 올라야 한다.

석기봉 아래 삼두마애불(三頭磨崖佛)은 머리 세 개로 미륵불 같은 특이한 형상. 세 부처를 모시려 한 것일까? 마애불 밑에 바위샘터(石間水)도 있다. 예전의 절터나 수행하던 곳으로 여겨진다. 바위에 양각된 정교하지 못한 투박한 솜씨로 보아 나말·여초 작품인 듯. 당시에는 지방호족들 스스로 백성을 구원하는 미륵불이라 해서 힘을 과시하기 위해 여러 불상을 만들었다. 미륵불은 미래의 부처. 신증동국여지승람에 백운산에 불두사 기록이 있고 지명도 설천면 대불(大佛)리, 불당골이다.

정감록과 격암유록 등에서 십승지(十勝地)[4]의 하나로 꼽히는 곳이 무주의 설

4 신라 말 도선, 고려 말 무학, 조선중기 남사고·이지함……. 이밖에 수많은 비기(秘記)에서도 언급하고 있다. 일반적 십승지(격암 남사고)는 영월정동상류, 봉화춘양(태백산), 보은내속리·상주화북(속리산), 공주유구·마곡(계룡산), 영주풍기(소백산), 예천금당, 합천가야(가야산), 무주무풍(덕유산), 부안변산(변산), 남원운봉(지리산)이다.

천·무풍면 일대다. 지도를 펴보니 석기봉 주변이 백두대간 단전(丹田)[5]의 위치, 아래를 바라보면 신선이 살만하지 않는가?

진범·큰애기나리, 신갈·피나무, 마가목 붉은 열매 맛은 달달하면서도 쓰다. 11시 55분 물한계곡 갈림길이 또 나온다. 마타리·며느리밥풀꽃, 조릿대, 신갈·싸리·노린재·산앵도·물푸레나무. 정오 무렵, 신갈나무 밑에 앉는다.

"이산에 올 때마다 도 닦던 자리다."
"……"

여름 산행 때 능선 길에 앉아 있으면 시원한 바람이 불어오고 산 아래가 잘 보이는 곳. 전라북도 무주군 설천면이다. 조금 비껴서 점심을 먹으려니 안개가 몰려다닌다. 12시 40분 일행들과 선발·후발로 나눠 다시 헤어졌다. 15분가량 능선 따라가니 물한계곡 갈림길(민주지산0.8·석기봉1.8킬로미터)지나고 산마루가 움푹 들어간 곳, 안부(鞍部)에는 진범·멸가치·질경이·족도리풀·송이풀·노루오줌…….

노루오줌

노루오줌은 꽃대가 바로선 직립(直立), 숙은노루오줌은 고개를 숙인대서, 옆으로 약간 처진다. 어린 순은 식용, 어혈 푸는데 옛날부터 약으로 썼다. 숲 아래 물기가 많은 곳에 노루오줌이 잘 자란다. 키는 60센티미터 정도, 잎은 길게 뾰족하고 가장자리 깊게 패인 톱니가

5 몸의 중심 배꼽 아래 3치(9cm)부위. 이곳에 힘을 주면 기(氣)를 얻는다. 도가(道家)에서 상단전은 뇌, 중단전은 심장, 배꼽 아래를 하단전이라 한다.

있다. 연분홍 꽃은 30센티미터 정도로 길다. 노루가 자주 오는 물가에 많이 자라 노루오줌이라는 이야기가 있다.

"뿌리를 캐면 노루오줌 냄새가 나서 노루오줌이야."
"……"
"화필 노루오줌 냄새를 풍겨?"
"곤충을 유혹하기 위해서. 후손을 퍼트려야 하니……"
"……"
"노루오줌 부케를 쓰면 백년해로 한다고 해."

쪽새골 갈림길에서 정상까지0.1·황룡사3.8·석기봉2.5킬로미터 거리다. 접골목·산수국, 며느리밥풀꽃·정영엉겅퀴를 바라보다 오후 1시 10분, 해발1,241미터 민주지산 정상(내북마을2.7·물대마을2.5·석기봉2.9킬로미터)에 올랐다.

몇 해 전 민주지산 정상에 앉아 쉬고 있는데 예닐곱 명의 여성들이 사진을 찍어달라고 한다. 넌지시 눈웃음을 보낸다.

"……"

"어머머, 잘 생긴 건 알아가지고……"

"나한테는 얘기 안 하고…… 누군 사진 찍을 줄 모르나!"

"같은 여자지만 참 속보인다."

"산에 와도 이러는데 신랑 간수 잘해."

"……"

투덜거리듯 불쑥 내뱉는데 한참 웃었다. 일행이 된 막걸리 친구다.

민주지산 능선 따라 1시간 20분 정도 가면 각호산(角虎山)에 닿는다. 뿔 달린 호랑이가 살았다는 전설이 있다. 충북 영동군 용화면(龍化面)과 상촌면(上村面) 경계, 백두대간에서 내려온 호랑이가 다닌 곳으로 산이 크고 깊어서 눈도 많이 내린다. 여기서 5분 거리에 무인대피소가 있는데 사연이 안타깝다. 1998년 근처에서 야영하던 군인들이 갑자기 내린 폭설과 추위에 여섯 명이 숨졌다. 대피소는 사고 직후 세운 것이다. 물한리에 추모비가 있다.

10분가량 사방을 둘러보다 쪽새골로 내려간다. 바닥에는 멸가치 하얀 꽃, 부는 바람에 층층나무 이파리와 열매는 많이도 떨어졌다. 오후 1시 30분, 샘터를 지나고 당단풍·복자기·물푸레·산수국·접골목·박쥐·산뽕·고추·산목련·고광나무를 비롯해서 층층나무와 까치박달군락지, 돌길을 따라 걷는 내리막길. 발끝에 돌이 많이 차여 피로가 심한 숲길이다. 물봉선·이삭여뀌, 딱총나무인 듯 접골목은 어찌나 크게 자랐는지 키가 4미터는 되겠다.

내려가면서 키 큰 나무 아래 난티잎개암나무다. 개암나무 잎은 뾰족한데 비해 난티잎개암나무는 난티나무, 개암나무 잎을 섞어놓은 것 같다. 잎 끝부분이

난티잎개암나무

쪽새골 갈림길

샘물

동자꽃

칼로 자른 모양이다. 늑대·이리의 이빨처럼 생겨서 낭치(狼齒), 난치, 난티로 정착됐다. 두 나무는 자작나무 과(科), 열매는 개암나무가 더 크다.

오후 2시 낙엽송지대 쪽새골 입구 갈림길에서 일행들과 다시 만났다. 2시 반에 주차장으로 돌아왔다. 흰 구름과 깎아지른 절벽, 깊고 푸른 여울과 계곡, 맑은 물소리, 하늘을 뒤덮은 나무 사이로 불어오는 바람은 자연이 내린 최고의 선물이다.

내려가는 숲길

민주지산은 안개와 구름에 변화무쌍한 산이다. 봄엔 철쭉이 만발하고, 여름엔 원시림과 물한계곡이 일품이다. 불타는 단풍의 가을, 겨울은 온 산을 덮은 설경이 장관이다. 탁 트인 정상에서는 바라보는 장대한 산들의 파노라마, 가슴 벅차오름을 느낄 수 있다. 영화 〈집으로〉[6] 촬영무대였던 초코파이 가게를 둘러보다 상촌 양조장에 다시 들렀다.

6 2002년 작품. 산골에서 홀로 사는 외할머니와 도시에서 온 손자를 중심으로 펼쳐지는 영화.

탐방길

전체 14.4킬로미터·5시간 50분 정도

물한계곡 주차장 → (45분)쪽새골 갈림길 → (15분)갈림길 → (50분)삼마골재(40분) → (20분)삼도봉 → (15분)물한계곡 갈림길 → (5분)팔각정자 → (10분)석기봉·삼두마애불 → (35분)물한계곡 갈림길 → (60분)능선안부 → (15분)민주지산 정상 → (20분)쪽새골 샘터 → (30분)쪽새골 입구 갈림길 → (30분)물한계곡 주차장 원점회귀

※ 느리게 쉬엄쉬엄 걸은 산행시간, 정상에서 쪽새골 갈림길까지 내려가는 구간은 힘들다.

무협지의 협곡 덕항산

회양목 / 구부시령(九夫侍嶺) / 카르스트지형 / 돌리네 / 너와·굴피집 / 마가목 / 협곡(峽谷) / 환선굴 전설

석벽에 걸린 나무들, 구름의 쉼터 바람의 길 협곡이다. 솟아오른 봉우리마다 협객이 솟구칠 듯, 검은 숲 한참 바라보면 나뭇잎에 깃든 산새들 푸드덕. 홀연히 오색무지개 휘날리고 어디선가 내려오는 바람의 소리, 오호라 여기가 신선의 자리다. 휘파람 길게 흘러간다. 저녁은 으스름으로 말하지만 이 저뭇한 무렵 나의 언어는 침묵이다.

8월 3일 금요일 오후3시경 태백을 내려서 삼척 환선굴로 가는 아스팔트에는 차들이 밀려 꼼짝을 안한다. 목적지까지 너무 오래 걸릴 것 같아서 도로 옆 소공원 주차장에 차를 대고 20분 땡볕이 쨍쨍 내리쬐는 길을 걸어간다. 굴피집 기념품 가게에서 손수건 사며 등산길 물어보니 5시간 반 걸린다고 한다. 등산로 입구 "골말". 고로쇠·작살·좀깨잎·싸리·낙엽송·말채·물푸레·산초·당단풍·전나무, 물봉선·파리풀이 일행을 반긴다.

몇 걸음 오르니 벌써 땀이 줄줄줄 흘러내린다. 앞으로 곧장 가면 환선굴 모노레일을 타고 쉽게 갈수 있겠지만 줄을 서서 기다려야 한다. 고생스러워도 왼쪽 가파른 등산길 올라섰다. 신갈·조릿대·생강·쇠물푸레·소나무…….

오른쪽 협곡

오르막 산길

오후 3시 50분, 해는 어느덧 기우는지 조금 시원하다. 키 작은 전나무, 여기저기 산조팝·쪽동백·회양목·소사나무, 험준한 바위길 로프를 잡고 힘겹게 오르는데 크고 작은 회양목이 많이 자라는 것을 보니 석회암지대다.

회양목을 옛날에 황양목(黃楊木)이라 했는데 북한 강원도 회양(淮陽)의 석회암지대에 많이 자라 회양목으로 굳어졌다. 전국에 분포하지만 석회암 산지인 강원·충북·황해도에 많다. 자라는 속도가 느리다. 마주 달리는 잎은 두껍고 둥글며 노란색 꽃이 핀다. 상록수로 극기와 냉정함의 상징이다. 진해·진통·거풍 등 약재로 썼고 목질이 치밀하여 옛날엔 목판활자, 호패, 표찰, 옥새, 장기알 등에 이용했다. 낙관, 도장 새기는데 많이 쓰여 도장나무라고도 한다.

밧줄을 잡고 서서 잠시 숨을 고르는데,
"죽으려고 이러나 살려고 이러나?"
"……"
겸손하지 않고서 산과 친구 될 수 없다.
"죽을 지경인데 무슨……."
"……"
할 수 없이 쉬기로 했다. 아니 땅바닥에 주저앉았다.

오른쪽 모노레일

능선길

사실 오늘 새벽 백덕산 갔다가 태백을 거쳐 바로 이산으로 온 것. 하루에 1천미터 넘는 산을 두 개씩이나 오르니 무슨 말로 설득할 수 있겠는가? 제 정신이 아니라고 할 것이다.

올 여름 폭염에 더위 먹었는지 매미소리 요란하고 발아래 환선굴에는 사람소리 바로 옆에서 들리는 듯하다. 계곡아래 물소리, 온갖 풀벌레 소리, 모든 소리들이 자연을 만든다. 순간 산위에서 시원한 바람 한줄기 내려온다. 마음속 응어리도 풀어져 바람 따라 계곡으로 흘러간다. 그래서 인자(仁者)는 요산(樂山)이다.

땀은 옷 안에서 물 흐르듯 뚝뚝. 오후 4시 15분 노간주·쇠물푸레·회잎나무……. 촛대바위 너머 환선굴 모노레일 힘겹게 오르는데 우리도 쇠 난간 잡고 철다리 기어올라 4시 반에 겨우 "동산고뎅이"(골말0.5·장암목0.5킬로미터). 껍데기 시커먼 박달나무, 선명하게 세로줄이 뚜렷한 댕강나무, 고추나무 너머 다래숲은 음침하다.

"반쯤 왔어?"
"……"

덕항산 정상

지각산 환선봉

피곤한 듯 묻는데 미안해서 할 말도 없지만 조금만 더 참자고 위로하는 수밖에…… 잠깐 쉬었다가 산앵도·철쭉, 며느리밥풀 꽃은 새빨간 입을 벌려 흰 쌀알을 머금었다. 철 계단은 아직 올라가기 먼데 친구는 더 이상 오르기 어려운지 힘이 빠졌다. 오후 4시 50분 장암목(정상1·동산고뎅이0.5·킬로미터)이다.

가파른 철계단 모두 오르니 찰피·마가목, 10분 더 걸어 산겨릅·난티나무, 맞은편 산위에는 풍력발전기도 땡볕에 더위 먹었는지 꼼짝 않고 있다. 촛대바위 뒤쪽을 보며 드디어 능선쉼터, 왼쪽으로 덕항산이다. 신갈나무 아래로 싸리나무 오솔길이 호젓하다. 절벽아래 멀리 동해가 흐릿하고 바람에 땀을 거누는데 모든 것은 발아래 있다.

땀을 얼마나 쏟았는지 바지를 타고 흘러내려 등산화를 다 적셔 디딜 때 마다 철벅철벅 양말과 신발 부딪는 소리가 논에 물대는 것처럼 들린다. 젖은 바지 종아리를 걷어보지만 미역줄나무 숲길에 살이 대여 이내 다시 내리며 간다.

덕항산 1,071미터(구부시령1.1·쉼터0.4킬로미터). 오르고 보니 삼척의 동쪽은 협곡으로 깎아질렀고 태백인 서쪽은 부드럽고 평탄한 지형으로 동서쪽이 확연히 다른 걸 실감한다. 덕항산은 화전(火田)하기 좋은 평평한 땅이 많아 덕메기산으로, 덕하산, 덕항산으로 변했다고 한다. 언덕이나 산의 뜻인 덕(德), 항(項)은 목덜미, 관(冠)의 뒷부분, 크다는 의미 등을 가졌으니 큰 산이라 해도 되겠다.

푸른 동해의 시원한 바람이 불어 땀을 식히는데 구부시령을 두고 하산길이 급해 되돌아선다. 구부시령(九夫侍嶺). 아홉 명의 지아비를 모셨다는 고개다. 기구한 이야기가 전해오는 곳. 엽기인지 치정인지……. 한(恨) 많은 여자의 일생. 여러 가지 생각이 오래도록 머릿속에 남아있다.

옛날 고개 동쪽 마을에 미색이 뛰어난 여자가 살았는데 첫날밤만 치루면 서방이 죽자 마침내 아홉(九)의 지아비(夫)를 섬겨야(侍)했다.

덕항산(德項山)은 삼척 쪽에서 석회암 절벽으로 오르면 북서쪽 고위평탄면은 고산지대에 형성된 카르스트 지형[1]으로 나타난다. 석회암지대의 땅이 움푹 파인 돌리네[2], 지하에는 종유동굴이 발달되어 있다. 삼척과 태백의 백두대간 줄기로 북쪽은 청옥•두타산, 남으로 함백•태백산이 이어진다. 이 일대는 삼척 신기면 대이리 군립공원으로 산중턱에 지하 금강산 환선굴이 있다. 우뚝한 봉우리마다 독특한 멋을, 산세는 어머니 품처럼 포근함을 느낄 수 있다. 대이리 골말 일대는 6·25 한국전쟁을 모르고 살았다 한다. 주변에는 너와·굴피집 등이 남아 있다.

보통 너와집은 소나무·전나무로, 굴피·굴참나무 등 껍데기 널빤지로 지붕을 덮어 만든 것이 굴피집이다.

나무가 많은 개마고원·태백산 등지의 화전민이나 산간 주민들의 가옥양식으로 느에집·너새집이라 했다.

---

1 석회암은 탄산칼슘으로 다른 암석에 비해 물에 대한 용해성이 높다. 석회암이 물의 흐름에 침식, 바위가 조금씩 물에 녹아 돌리네, 종유동 등의 특이한 지형을 카르스트(슬로베니아 남서부 지방의 명칭에서 유래) 라 한다.

2 카르스트 지형의 요지(凹地)형. 사발, 접시, 깔때기 모양 등으로 나타난다.

도계 신리 너와집

부엌 쪽에 촘촘하게 붙이지 않아 아궁이에 불을 지피면 굴뚝으로 빠지지 못한 연기가 지붕으로 흘러나와 마치 불난 것처럼 보이기도 했다. 흔히 너와를 썼지만 소나무 구하기 어려울 때는 굴참나무 껍데기로 지붕을 이었고 바람에 날리지 않도록 군데군데 돌을 얹어 썩으면 새로 갈아 끼웠다. "굴피만년·기와천년"이라 해서 굴피는 수명이 길었다. 삼척 도계읍 신리에 중요 민속문화재로 남아 있다.

찰피·쪽동백·물푸레·꽃싸리나무. 오른쪽 낭떠러지 아래 멀리 주차장, 채석장인지 개발현장인지 어지럽혀진 산줄기 백두대간은 이렇게 망가져간다. 오후 5시 35분 다시 쉼터(정상0.4·환선봉1.4·골말1.9킬로미터) 지나 선녀가 환생하였다는 환선봉으로 걷는다. 왼쪽 산길 흔적을 봐서는 태백 방향인데 이정표가 없다. 해는 서산에 걸렸고 숲은 시커멓게 물드니 나그네 갈 길이 바쁘다.

왼쪽으로 소나무 고목 두 그루 지나 밧줄을 잡고 조금 오르면 능선 따라 그나마 쉬운 길이다. 오른쪽으로 낭떠러지, 마가목 대여섯이 어울려 산다. 관중, 딱총·미역줄·다래·찰피·굴피나무……. 고개 숙이고 밀림 속을 헤치며 걷는다.

지각산 동쪽 아래

오후 6시 환선봉(幻仙峰·지각산[3] 1,080미터, 헬기장0.7·덕항산1.4·환선굴3.3킬로미터) 못 미처 능선 길에 마가목 몇 그루 만난다. 한겨울 매섭고 찬바람 부는 곳, 북풍한설 이겨낸 거룩한 나무에 예를 표한다. 꺾인 가지엔 골속[4]이 보이는데 코를 대 보니 약냄새, 특유의 향기다. 물로 달여서 마시면 그야말로 최고의 음료인 셈이다. 모세혈관 순환에 좋고 두피(頭皮) 영양공급이 잘 되어 머리카락 하얗게 세는데 효과 있다. 6~8미터까지 자라고 겨울눈이 말 이빨을 닮아 마아(馬牙)목, 마가목이 됐다. 10장 가량의 삐침 꼴 겹잎이 깃털 모양(羽狀複葉)으로 어긋나게 자란다. 잔가지 끝에 흰 꽃이 모여 핀다. 빨간 열매가 아름다운데 해발 1천 미터 넘는 깊은 산 능선부근에 잘 자란다. 어린순은 나물로 먹고 줄기껍질과 열매를 말려 달여서, 허약체질에 강장·기관지염·폐결핵·위염·관절염·동맥경화에 약으로 쓴다. 반년 이상 술에 담그면 밸런타인 맛인데 아침저녁 마시면 피로해소, 강정에도 좋다. 칵테일에 쓰기도 한다.

---

3 1997년 환선굴이 개방되기 전에는 지각산이었는 것 같다.
4 수(髓 pith) : 가지나 줄기의 중심부 부드러운 유조직(柔組織).

팥배나무, 불그스레한 싸리·며느리 밥풀꽃이 애처롭게 폈다. 환선봉 뒤로 보이는 동해는 흐려서 더 멀게 다가온다. 토마토·감자 한 개씩 먹고 잠시 숨을 돌려 보지만 갈 길이 더 바빠지는 걸 어쩌랴? 급하게 내리막길 걷는다. 층층·신갈·물푸레·산뽕나무·접골목·낙엽송, 관중은 드문드문, 파리풀 군락지다.

정신없이 뒤 따라오던 친구는 그만 내리막길에 넘어졌다.

"어이쿠. 괜찮아?"

"……"

하마터면 큰일 날 뻔, 등산복 조금 헤진 것은 그나마 다행이었다. 옥잠화 분홍 꽃봉오리 피었지만 보는 둥 마는 둥 오후 6시 20분, 헬기장에 온갖 풀들이 무성해서 더욱 어두운 분위기다. 5분 더 걸어 다시 오르막길, 날은 빨리도 어두워지고 갈 길은 바쁘니 가쁜 숨 몰아쉬며 발걸음 옮긴다. 발아래 환선굴인 데 또 올라가려니 다시 땀범벅이다. 무성한 싸리밭길을 걸어 6시 35분 드디어 장암재(헬기장0.8·큰재3.4·환선굴1.7킬로미터). 환선봉에서 거의 1시간 걸리는데 달리듯 35분 만에 주파했다. 환선굴 매표소 입구에서 5시간 정도, 지난해 겨울 두 사람이 목숨을 잃었다니 불안한 생각을 떨칠 수 없다. 밧줄을 잡고 내려가는데 옷은 또 땀에 젖었고 신발은 물이 고여 논매는 소리를 낸다. 고광·당단풍·개박달·찰피나무를 뒤로하고 바위와 돌무더기 쌓인 석력지(石礫地) 급경사 지대를 조심조심 내려간다. 이런 경사지에 진달래·철쭉·생강·신갈·다릅·싸리나무는 하늘을 덮고 자란다.

"잠깐 쉬고 있어."

"……"

저녁 6시 45분쯤 됐을까? 오른쪽에 샘터(28미터 지점) 있어서 물 뜨러 뛰어간다. 박쥐나무 있는 검은 바윗돌에 나무를 덧댄 샘인데 물맛이 정말 좋다. 물통에 가득 채우지만 이 좋은 물을 그냥 흘려보내니 아까운 생각 뿐. 잠시 쉬었다

촛대바위 협곡

내려가는데 친구는 다리에 힘이 빠졌는지 또 미끄러졌다.

7시경 제2전망대에 서니 지각산(환선봉), 덕항산이 올려다 보인다. 무협지의 중국 장·원가계의 산 무리(山群)를 보는 것 같다. 석벽에 걸린 나무들, 구름의 쉼터, 바람의 길, 협곡(峽谷 canyon)[5]이다. 솟아오른 봉우리마다 협객이 솟구칠 듯, 운기조식(運氣調息)[6] 하며 검은 숲 한참 바라보면 나뭇잎에 깃든 산새들 푸드덕. 홀연히 오색 무지개 휘날리고 어디선가 내려오는 바람의 소리, 오호라 여기가 신선의 자리다. 휘파람 길게 흘러간다. 자연의 언어를 듣고 있다. 세찬 계곡의 울림. 개울은 맑은 여운으로, 꽃은 향기로, 나무는 푸름으로, 새들은 지저귐으로……. 저녁은 으스름으로 말하지만 이 거뭇한 무렵 나의 언어는 침묵이다.

5 골짜기 양쪽 벽이 급경사를 이루어 폭이 좁고 깊은 계곡
6 기(氣)를 돌리고 호흡을 조절하는 도가(道家) 양생법.

생강·복자기나무, 당단풍·찰피·개박달나무 군락지, 5분 더 내려가서 제1전망대에는 소사·산조팝나무가 주인이다. 이곳에 서서 굽어보니 무이구곡(武夷九曲)[7]이 멀리 있는 곳이 아님을 느껴본다.

지그재그 내리막길은 개박달과 회양목나무 무리지어 섰고 까악까악 까마귀 소리 어둠을 재촉한다. 잠시 후 철제 계단을 오르니 환선굴 바로 위쪽 천연동굴을 통과한다. 깊은 계곡의 바위와 숲, 건너편 석벽은 어둠의 소리를 메아리로 보내준다. 거대한 협곡의 장중한 울림.

등산로 동굴구간

"석벽에 걸린~ 노송~ 움츠리며 춤을 추네……"

잠자리 채비하는 산짐승들을 불편하게 하고 싶진 않다. 누리장 붉은 꽃봉오리도 볼만하지만 내리막길 힘들어서 그냥 내려선다.

저녁 7시 반경 갈림길, 오른쪽 방향 170미터 지점에 환선굴.

"……"

"환선굴 사진만 찍고 올께. 그 자리 가만히 있어."

어두워 혼자 가긴 그렇지만 피로에 지쳤으니 어쩔 수 없는 일.

동굴입구는 어둡고 으스스하다.

환선굴 입구

7 뛰어난 경치. 중국 무이산 아홉 구비 계곡, 송나라 주자(朱子)가 무이구곡가를 지은 곳.

관리실에 사람 몇이 있는데 움직이지 않는다.

"안녕하세요?"

"……"

대답 없어 가까이 가보니 머리만 있어 등골이 오싹했다. 안전모를 여럿 엎어 두었는데 머리로 잘못 봤다. 기괴한 분위기에서 벗어나야 하지만 사진 몇 번 찍어도 어두운 탓에 잘 나오지 않아 여러 번 눌러댔다. 뒤돌아 볼 틈 없이 후다닥 뛰쳐나왔다.

환선굴(幻仙屈)은 전체 길이 6킬로미터 남짓, 규모가 크고 복잡한 노년기 동굴로 거대한 석주, 종유석, 동굴 호수, 폭포가 있다. 1966년 천연기념물로 지정, 1997년 일반인들에게 개방됐다. 박쥐, 노래기 등 다양한 동굴생물이 서식한다.

환선굴 내부

잠시 내려서니 120년 된 엄나무 보호수에 닿는다. 환선굴로 도 닦으러 들어갔던 스님이 끝내 나오지 않았는데 들어가는 길에 꽂아둔 지팡이가 변한 나무라는 것.

옛날 촛대바위 아래 폭포수에 여인이 목욕을 하는데, 사람들이 다가가자 천둥번개가 치며 바위더미가 쏟아지고 홀연히 자취를 감췄다. 놀란 사람들은 선녀라 믿었다. 폭포는 마르고 굴에서 물이 나와 선녀폭포가 되었다.

선녀에 홀렸대서 환선(幻仙), 바위가 쏟아진 곳을 환선굴이라 하고 제를 올려

마을의 안녕을 빌었다고 전한다. 또 다른 이야기는 어떤 스님이 도를 닦기 위해 굴로 들어갔으나 나중에 신선이 되었다고 환선이라 하였다.

다리위에 폭포수가 쏟아지는데 한기(寒氣)를 느낀다. 아래쪽에서 환선굴까지 모노레일이 다닌다. 뒤돌아보니 하늘위로 올라간 철제 시설은 시커먼 흉물이다. 7시 40분 약수터 물맛은 위쪽의 샘물보다 못하다. 폭포소리, 풀벌레 소리와 섞여 환선굴 승강장에는 짙은 어둠이 내리지만 계곡물 소리에 귀 기울여 본다. 7시 45분 골말까지 빠르게 4시간 15분 걸었다.

10여분 걸어 대금굴 입구(오른쪽 180미터) 매표소, 8시경 주차장엔 사방이 어둡다. 찌든 땀 씻으려 어두운 계곡물에 앉아 하늘 보니 별이 총총. 저 많은 별들 하나둘 바라보다 멀리 동쪽으로 미끄러져 가는 불빛을 따라간다. 8시 30분, 삼척 길 두고 원덕으로 달리면서 임원항구로 간다. 문 닫으려는 세 번째 횟집에서 제일 비싼 물 회를 시켰다.

탐방길

정상까지 2킬로미터·2시간, 전체 7.3킬로미터 4시간 30분 소요

주차장 → (35분)능선안부 → (40분)동산고뎅이 → (20분)장암목 → (25분)덕항산 정상 → (45분)환선봉(지각산) → (35분)장암재 → (10분)샘터 → (15분)제2전망대 → (5분)동굴통과 지점 → (25분)환선굴 갈림 → (10분)약수터 → (5분)골말 → (15분)주차장

※ 빠른 걸음으로 허겁지겁 오른 길, 기상·인원·현지여건 등에 따라 다름.

수타 계곡 공작산

소나무 영어이름 / 귄소 / 공작(孔雀) / 싸리버섯 / 일체유심조(一切唯心造) / 수타사 / 박쥐(蝙蝠)문양

논길을 걸어서 계곡 길 따라간다. 바위 절벽은 깎아 세운 듯 하고 긴 수타 계곡에 흐르는 물소리가 장관이다. 바위 계곡물에서 올 여름 마지막을 보낸다.
강물에 누워 하늘 보니 파란하늘 높은데 둥실둥실 큰 구름 가만있고 실구름만 제멋대로 흘러간다. 어깨와 등은 바위에 닿아 따뜻하다. 소리 내며 흘러가는 강물. 물에 잠긴 바위마다 구름 몇 개씩 안고 물소리 새소리 섞여 들리는 강.

8월 31일 토요일 아침 8시 원주휴세소에 잠시 쉬고 홍천읍 수타사 주차장까지 40분 걸렸다. 고풍스런 천년 고찰 수타사는 내려올 때 둘러보기로 했다. 생태공원에 코스모스 폈고 삼지구엽초·부용·부처꽃, 꼬리조팝나무, 마가목 열매도 벌써 가을빛으로 물들기 시작한다.

소나무 이름표에 영어이름이 코리안 레드 파인(korean red pine)으로 적혔다. 재패니즈 레드 파인(Japanese red pine)으로 불리던 것이 바뀌었다. 소나무는 우리나라에 많이 자라지만 일본인이 서양에 먼저 알렸기 때문에 "붉은 일본 소나무"였다. 일제 강점기 우에키[1]에 의해 붙여진 것. 아직도 우리식물에는 일제강점기 때 이름이 그대로 있는 것이 많다.[2] 다행히 2015년 국립수목원에서 식물

1 일본 식물학자(1882~1976)

2 27백여 종 넘는 우리나라 식물 학명이나 영명에 일본인 이름이 붙은 것이 많다. 국제식물도감에 정리되던 시기가 19~20세기 초. 국가강점기 아무런 능력이 없을 때 일본 식물학자가 전국을 누비며 채집한 식물종이 고스란

주권 찾기를 벌인 것은 잘한 일이다.

수타사 계곡 숲길

가을분위기 난다. 매미소리 매에~ 계곡 물 더 깊게 들린다. 물소리 따라 걷는 길, 돌아가는 숲이 빼어났다. 층층·신갈·당단풍·쪽동백·산뽕·좀깨잎·병꽃·고광나무……. 새소리, 물소리, 바람소리에 묻힌 강물을 거슬러 가는 길, 오감 만족길이라 부르고 싶다.

9시 25분 궝소(수타사1.6·신봉마을 1.5·약수봉1.4킬로미터). 바위계곡에 맑은 물 철철 넘쳐흐른다. 강원도에서는 나무로 깎아 만든 소여물통을 "궝"이라 했다. 구유처럼 생겼다 해서 귀잉, 궝으로 됐을 것이다. 가만히 보니 군데군데 화강암 바위마다 움푹 패여 정말 여물통처럼 생겼다.

수타 계곡

계곡 가로지른 다리 건너 갈참나무 바위길, 본격적인 등산 구간이다. 약수봉으로 오르다 물이 모자랄 것 같아 다시 내려와 계곡물 가득 병에 채운다. 깨끗한 물은 아니지만 혹시 모를 만일의 상황 대비를 위해 하는 수 없다. 물봉선,며느리밥풀은 분홍 꽃 피워 발자국 더디게 하고 경사 급한 산길 15분가량 오르자 물소리도 멎었다. 굴참·쪽동백·신갈·당단풍·생강·졸참·조록싸리·소나무…….

히 등록 되었다. 금강초롱꽃(Hanabusaya asiatica Nakai) 학명에 초대 일본공사 하나부사 요시타다(花房義質). 조선에 오게 한 고마움 표시로 나카이가 하나부사에게 바쳤다. 한때 금강초롱꽃은 하나부사 한자를 따서 화방초'(花房草)로 불리기도 했다.

약수봉 오르는 길에 바라본 수리봉

약수봉

산벚나무, 이산의 박달나무 잎은 어긋나거나 한곳에 모여나기도 한다. 무덤 지나 10시쯤 갈림길(왼쪽 약수봉0.3·수타사(용담)2.5·킬로미터, 오른쪽 동봉사(신봉리) 거리표시없음). 수타사 쪽에서 땀 뻘뻘 흘리며 올라왔으니 옷은 몇 번 젖었다. 동쪽으로 햇살이 눈부신데 공작산 정상인 듯, 지도를 펴보니 수리봉이다. 10분 더 올라서 558미터 약수봉(궝소1.5·수타사2.8·킬로미터). 공작산 이정표는 없고 이곳을 정상으로 잘못 알 수 있겠다. 초파리가 날아다녀 피신하듯 동쪽 아래로 내려걷는다. 신갈나무 숲, 개옻·난티·생강·쪽동백·붉나무 산길 지나서 30분 내려서니 넓은 길에 차들이 서 있다. 어이없어 한참 둘러보니 임도(공작산4.3·약수봉0.4·수타사2.7·신봉로0.6·굴운로2.6킬로미터)까지 왔다.

지금부터 새로 걷는 오르막 산길. 그렇다면 여태 헛걸음친 것. 4킬로미터 넘는 공작산 정상을 향해 다시 기어오른다. 신갈나무 숲을 오르는데 군데군데 소나무 고송(古松)을 보니 이산의 연세를 가늠할 수 있겠다. 흰 꽃 피운 산기름나물, 바위와 흙, 소나무, 잣나무 고목들 의지하듯 서로 붙들고 띄엄띄엄 섰는데 올랐다 내려가는 길. 회나무 붉은 깍지를 바라보며 위안을 삼는다. 11시 갈림길(정상3.5·약수봉1.2·수타사3.5·궝소2.7킬로미터).

갈 길은 멀고 시간에 쫓겨 급히 오르려니 숨소리 하늘을 진동한다.
"휴우~"

"2시간 뒤에 이 지점으로 되돌아와야 하는데……."

"……"

반 그늘진 곳에 두 번 갈라진 갈래(缺刻)의 우산나물, 물박달나무 두어 그루 우뚝 서서 위엄을 보여준다. 여기저기 다람쥐가 먹었는지 잣나무 솔방울은 모두 빈 것뿐이다.

숲길의 우산나물

11시 15분 오르막길 신갈나무에 앉아 건빵, 물 한 잔 마신다. 계곡에서 떠온 물 잠시 가라앉혀 쪼르르 마신다.

"허기지면 식욕이 없어져 아무것도 먹을 수 없어."

"……"

"억지로라도 몇 개 먹어둬."

"산 위에서 부는 바람 서늘한 바람. 그 바람은 좋은 바람 고마운 바람~"[3]

바람이 살랑살랑 불어와 땀을 식혀준다. 힘든 산이다. 애초 출발지를 잘못 선택한 것 같다. 멀리 낙락장송(落落長松) 하늘과 산이 서로 맞닿아 선계(仙界)를 만들었다. 능선에 앉아 산골짜기 아래를 바라보면 맑고 시원한 조망을 느낄 수 있다. 이산에서 느끼는 즐거움이라 생각한다. 산 아래는 신봉리·노천리마을일 것이다. 신갈·소나무, 발밑으로 진달래·산앵도나무 마주친 시간 11시 30분.

정상까지 2.6킬로미터 남았다. 이 산의 물박달나무는 꼭 두어 그루 같이 산다. 생강나무 열매는 벌써 빨갛게 물들었고 상층목은 신갈나무, 키 큰 철쭉나무 아래 머리를 숙이고 간다. 물푸레·난티·쪽동백·싸리·미역줄나무, 멸가치·까치수염·우산나물……. 걷기 좋은 능선 길이다.

11시 45분 수리봉(지왕봉) 797미터(정상2·약수봉2.7·수타사5킬로미터). 당단풍·신갈나무 숲이 상층목, 중층은 철쭉 터널 숲, 발밑으로 다릅·노린재나무, 철쭉은 자꾸 모자를 벗긴다. 정오에 헬기장(정상1.1·약수봉3.6·수타사5.9킬로미터). 흐린 하늘은 숲을 더 컴컴하게 만들었는데 단풍취는 마지막 흰 꽃을 곧 떨어뜨릴 태세다.

15분 지나 바위구간, 밧줄을 잡고 걷는데 공작새 등을 타는 듯, 지금은 목 줄기를 오르는 기분이다. 12시 40분 드디어 공작산 정상 887미터(공작현입구2.6·수타사6.9·약수봉4.6킬로미터). 가리산, 계방산, 북쪽으로 철탑인 듯 반짝이고 서쪽으로 오봉산, 멀리 남서쪽은 용문산이렷다. 표지석에 서니 홍천 읍내 한눈에 들어오고 도로, 다리, 사방으로 산들이 에워쌌다. 홍천강을 향해 펼쳐진 화려한

3 4분의 3박자 동요 "산바람 강바람"(윤석중 작사, 박태현 작곡 1936년 발표).

꽁지깃, 뻗어 내린 능선이 공작의 날개를 닮아 공작산이다.

공작(孔雀)은 꿩 비슷하나 날지 못하고 부채모양 날개가 아름답다. 인도에서 중국을 통해 들어온 것으로 여겨진다. 명·청, 조선시대 문관의 장식에 공작이 쓰이면서 권세의 상징, 깃털도 함께 주어졌다. 화려한 꽁지깃 때문에 그림으로도 많이 나타났다.

오후 1시경 계곡에 앉아 달걀 몇 개로 점심, 발밑에 구절초 활짝 폈다. 산 아래 대포소리, 총소리 하루 종일 들렸으나 그나마 산행하는 사람들 가끔 만나 다행이었다.

"오늘 고생 사서 하네."
"……"
"사서 고생?"
"얼마 주고 샀나?"
"10만원 주고 샀지."

"차 기름 값 5만원, 통행료 8천6백원, 왕복으로 치면……."
"……"

생강·난티나무, 족도리풀·산머루·둥굴레를 만나고 내려간다. 1시 반 다시 헬기장에 닿으니 대포소리 또 들린다. 고로쇠나무 아래 앉아 잠시 무릎보호대를 새로 고쳐 매고 일어서니 외딴 산중에 오후부터 여성 등산객들 자주 눈에 띈다. 바위틈으로 산조팝 꽃은 벌써 다 떨어졌고 진달래·병꽃·생강나무…….
"싸리버섯?"
친구는 한 움큼 들고 묻는다.
"글쎄."
"독버섯 같은데."
"……"
"맞다. 싸리."
분홍빛 산호처럼 생겼다.

싸리빗자루처럼 생겨서 싸리버섯이다, 7~10월 전국 산에 자란다. 뿌리 쪽은 흰 편이지만 꼭지는 연분홍, 지리면서 황토색을 띠고 산호와 비슷하다. 크기 10센티 정도로 속은 꽉 차 있지만 잘 부스러진다. 대치거나 햇빛에 말려 국·나물·찜으로 먹는다.

1시 47분 다시 수리봉에 닿고 발밑으로 우산나물 바라보다 오후 2시경 이정표(정상2.6·수타사4.4·약수봉2.1킬로미터)에 선다. 목마르다. 마시긴 꺼림칙하지만 티끌을 걷어내고 몇 모금 마셨다. 약수봉 이름만 믿고 그냥 올라왔으면 어찌되었을까? 그나마 계곡물이라도 안 담아왔으면 목말라 쓰러졌을 것이다. 귀한 이름에 비해 참샘 하나 없는 희한한 산, 오늘 산행구간은 너무 멀고 길게 잡았다.

20분 더 내려가면서 왼쪽으로 비석, 신봉리로 걷는다. 잠시 지나 산개울 물을

받아 마시니 가슴이 후련하다. 차가워서 페트병에 김이 잔뜩 서린다. 나뭇가지 꺾어 거미줄 걷으며 우거진 숲을 헤치고 어느덧 임도(공작산 정상3.3·수타사2.9·굴운리(임도위쪽)3.2킬로미터)에 닿는다. 분홍빛 물봉선, 노란색 마타리, 보랏빛 좀깨잎, 하얀 꽃 개망초, 노란색 달맞이꽃 온갖 꽃들은 저마다 다른 색깔, 다른 모습으로 일행을 맞아준다. 지나가는 여름이 아쉬운가? 한껏 진하게 치장했다. 오늘 산행 수고했다며 위로해 주듯…….

오후 3시 동봉사 절집 입구에 늘어져 앉아 잠시 신발을 턴다. 수타사까지 2.7킬로미터 남았다. 도로를 걷다 오른쪽 마을로 방향을 바꾸면서 뒤돌아보니 수리봉이 선명하다. 나락이 익어가

수타계곡

는 논길을 걸어서 계곡 길 따라간다. 바위 절벽은 깎아 세운 듯 하고 긴 수타 계곡은 바위에 흐르는 물소리가 장관이다. 3시 반에 바위 계곡물에서 올 여름 마지막을 보낸다.

강물에 누워 하늘 보니 파란하늘 높은데 둥실둥실 큰 구름 가만있고 실구름만 제멋대로 흘러간다. 어깨와 등은 바위에 닿아 따뜻하다. 소리 내며 흘러가는 강물. 물에 잠긴 바위마다 구름 몇 개씩 안고 물소리 새소리 섞여 들리는 강에는 다슬기 천국, 이렇게 많이 사는 곳은 처음 봤다.

4시경 강물에서 나와 다시 걷는다. 아침에 바쁘게 올라가면서 물통에 구정물 2리터나 채워 다 마셨으니 일체의 모든 것 오로지 마음에 있다는 일체유심조(一切唯心造)를 다시 새긴다.

원효는 의상과 당나라 유학길에 당항성(화성) 어느 무덤 앞에서 잠을 잤다. 잠결에 물을 마셨는데 날이 새자 깨어 보니 해골에 괸 물임을 알고 모든 것은 오로지 마음에 달렸음을 깨달았다.

"존재의 본체는 마음이다."
"어려운 소리 하지 마."
"사서한 고생 값 10만원……. 다슬기 10만원 되겠지."
"어이구우."
"……"

숲이 우거져 어두운 생태 숲길 나오면서 이삭여뀌 붉은 꽃이 걸음을 붙든다. 남은 햇살에 매달린 산머루가 상큼하면서 시다. 30분 걸어 나오니 수타사 노을은 아직 따가운데 오늘 산행 7시간 넘게 걸었다.

공작포란형(孔雀抱卵形) 명당이라는 수타사는 원효대사가 세운 것으로 전한다. 당시 우적산 일월사(日月寺)였으나 선조 때 현 위치로 옮겨 수타사(水墮寺), 절 옆의 용담에 빠져 죽는 일이 잦아 수타사(壽陀寺)로 고쳤다. 절집의 박물관에 전시된 월인석보[4]는 한글 최초의 불경으로 70년대 복원 공사 때 발견됐다고 한다. 계곡마다 물소리 요란하게 들리니 수타사(水墮寺) 원래 이름이 맞을 것 같다.

수타사

대적광전에 매달린 박쥐모양이 특이하다. 머리가 무거워 거꾸로 매달리는데 예로부터 박쥐를 먹으면 신선이 되고 복을 상징한대서 박쥐문양을 많이 썼다. 도자기·가구·옷·장신구 등에 새긴 것이 편복(蝙蝠)무늬다. 복(福)자의 원형으로 부귀영화와 복을 나타낸다.

용담의 박쥐굴이 절집과 연결되어 그 굴로 용이 승천했다는 이야기가 전한다. 6시경 차에 왔다. 홍천 읍내로 나가서 막국수로 점심 겸 저녁이다.

---

4 세종이 지은 월인천강지곡(月印千江之曲)과 세조의 석보상절(釋譜詳節)을 합친 것.

탐방길

정상까지 7.7킬로미터·4시간, 휴식포함 전체 8시간 정도

수타사주차장 → (35분)궝소 → (45분)약수봉 → (30분)임도 → (65분)수리봉 → (15분) 밧줄구간 → (40분)정상 → (67분)수리봉 → (33분)무덤 → (15분)임도합류 → (25분)동봉사 입구 → (30분)들길 걸어 계곡바위, 휴식35분,16시5분 출발 → (10분)궝소 → (15분)수타사(관람30분) → (10분)주차장 원점회귀

※ 멀고 힘든 구간이지만 계곡 물에서 휴식하기 좋은 곳.

거문도, 바람의 식물과 이야기들

백도의 전설 / 왕모시풀 / 왕작살나무 / 거문도등대 / 갯강활 / 처녀무당과 병사 / 거문도사건 / 영국군 묘지

돌계단마다 처참하게 떨어진 동백꽃, 그 꽃잎을 이지러지도록 밟고 올라서는 일행들, 떨어진 꽃이나 밟는 사람이나 한갓 연약한 생명에 지나지 않는다. 동쪽 바다와 하늘은 경계도 없이 아침 햇살에 핏빛으로 물들었다. 모든 것이 붉다. 바람의 식물도, 이야기도, 사람도, 하얀 십자가, 섬 빛을 머금은 돌, 도깨비쇠고비, 떨어진 꽃잎들……

섬은 애틋하다. 뭍에서 홀로 떨어져 외롭지만 늘 동경과 그리움의 대상이다. 멀어질수록 더 그렇다. 사람도 오래 떨어질수록 그립다. 주말에 한 번 만나는 아쉬움 뒤로하고 새벽 4시 출발한다. 거문도는 쉽게 갈 수 없다. 배편 예약이 힘들고 바다날씨가 좋지 않아 결항할 때도 많다. 몇 차례 시도로 어렵게 거문도의 가을을 찾아간다.

11월9일 토요일 2시간 45분을 달려 여수 여객선터미널에 도착했다. 일행 여섯이 근처 아침 먹거리 사러 맞은편 골목을 다닌다.

"혹시 김밥 파는데 없어요?"
"……"

거문도

"이 새벽에 김밥 파는데 어디 있간디?"

마뜩찮은 대답이다.

"……"

7시 20분 출항하는데 한 시간쯤 기항(寄港)[1] 지 나로도, 열 명 남짓 탄다. 8시 50분 손죽도에도 들른다. 거문도에서 북쪽으로 40킬로미터 지점, 항구에 석상이 서 있는데 이대원 장군, 임진왜란 때 크게 잃었대서 손대도(損大島). 일제 강점기부터 손죽도로 불리었다. 9시 10분 대동리 기항, 초도, 거문도 18킬로미터 정도 남았다. 오른쪽 뱃전(右舷)에 앉았는데 울렁거린다. 파도가 하얗게 일면 1~1.5미터 정도. 옆자리 앉은 사람들은 정겨운 사투리로 참새처럼 조잘거리는데 그물만지는 일이며 기름 값이 내렸다는 등 일상의 소소한 이야기들이다. 여행은 인심과 풍속을 느끼는 것 아닌가?

거문도는 고흥에서 가깝지만 여수항에서 100킬로미터쯤 떨어진 여수시 삼산면, 제주·여수의 중간이다. 쾌속선 두 시간 반 나로도·손죽도·초도를 거쳐 한국의 지브롤터라 불리는 거문도 내항으로 들어가는데 파도가 높은지 하얀색

1 항해중인 배가 목적지가 아닌 곳에 들름.

배들이 휘청거리며 지난다. 일엽편주(一葉片舟) 조업선 넘실넘실. 오른쪽으로 바위, 등대, 안테나, 현수교……. 9시 50분 서도에 닿고 죽 들어가서 10시쯤 도착한다.

섬마을 식당이 딸린 여관에 짐을 풀고 백도 가는 배편부터 예약하기로 했다. 고도에서 출발하면 2시간 걸리는데 뱃전에 바람이 차다. 거문도는 우리가 닿은 고도와 동도·서도 세 개의 큰 섬으로 나뉜다. 초등학교 2개, 중학교 1개, 고등학교부턴 육지로 나가야 하는 이 섬에 1천5백여 명이 산다.

파도를 타고 가는 유람선 좌우로 크고 작은 바위섬들, 갯냄새 없는 바다는 넓다. 절해고도(絶海孤島)[2]의 흰 등대 멀리 다도해, 육지가 아스라이 멀고 만경창파(萬頃蒼波)[3] 흰 물결에 묵은 시름 모두 날려 보낸다. 2층 뒤편에 앉아 육지에서 산 우유·빵·커피를 곁들인 아침.

"부딪치는 파도~ 소리 잠을 깨우니 들려오는 노~ 소리
처량도 하구나 어기야 디여~차~"

11시, 갈매기 배위에 훨훨 날고 우리는 뱃노래 흥얼거린다. 멀리 바다의 비밀 유적 백도는 원자로 돔 같기도 하고 어떻게 보면 스톤헨지, 물결에 햇살은 비늘처럼 날린다.

일행들과 어울려 거문도 삼행시를 짓는다. 이때 촬영 좀 하자며 카메라를 대는데 방송국 피디(PD)[4]라 인사한다.

"거, 거참 절경이구나. 문, 문인이 살던 섬. 도, 도무지 믿어지질 않아."
"거, 거대한 바다. 문, 문을 여니. 도, 도발적인 바위섬."

2 뭍에서 멀리 떨어진 바다 가운데 외로운 섬.
3 끝없이 넓고 푸른 바다나 호수의 물결.
4 Producer의 약자, 우리나라만 쓰는 말이라 생각한다.

백도

"……"

명함 주고받는데 다음 주 방송 나온다고 한다.

"……"

그날 이후 아무 얘기도 없었다.

11시 23분 배는 백도에 닿는다. 하얀 섬들이 잠시 젖은 몸을 말리러 물위로 오른 듯 왼쪽 상백도, 오른쪽이 하백도. 햇살에 물결은 반짝거리고 동굴이 보이는데 일본인들이 젓갈을 담아 가져갔다는데서 마이크 안내 소리는 너무 크다.

섬이 온통 하얗게 보인다고 백도, 백 개에서 하나 모자란 아흔 아홉 개여서, 한일(一)을 빼고 흰백(白)을 넣어 백도, 그렇지만 서른아홉 개 무인도.

옥황상제가 못된 짓을 한 아들을 바다로 귀양 보내지만 용왕의 딸과 사랑에 빠진다. 아들을 데리러 간 신하들까지 시녀에게 꼬여 돌아오지 않자 모두 돌로 만들어 버린다. 서방·석불·매바위 등 모든 바위는 옥황상제의 아들과 신하들이다.

오래된 건물

올라갈 수 없는 섬 하얀 등대가 지키고 있다. 하백도 부처바위, 옥황상제바위 경치가 상백도 보다 낫다. 정오에 되돌아서는데 뒤로 보이는 모습이 마치 환상의 해저도시가 물위에 잠깐 씻으러 나온 모습이다. 수월산이 보일 무렵 오후 1시경 고도 선착장으로 되돌아왔다. 그사이 바닷물이 빠져 휑하다. 배는 뻘 위에 얹혀있다. 골목길로 접어드니 오래된 당구장, 대부분 도시화된 섬 풍물이지만 겨우 찾은 창고 같은 섬 집 한 채.

점심으로 갈치정식을 먹지만 일행들은 소주 몇 병에 눈길이 더 많이 가고 있었다. 오후 2시경 수월산으로 간다. 섬을 이은 긴 다리 지나 걷는데 털머위 노란 꽃이 만발했고 보리장·동백·협죽도·왕모시풀·예덕·돈나무…….

모시풀은 모시·저마(苧麻), 겉껍질을 버리고 섬유를 만드는데 한산모시가 유명하다. 옷감·수건·장갑·범포·천막·모기장 등의 원료로, 그물·밧줄과 특수한 종이를 만드는 데 썼다. 뿌리는 이뇨·통경제(通經劑), 잎은 상처에 바르기도 했다.

말린 잎을 갈아 떡이나 칼국수로도 먹었는데 지방흡수, 산화를 억제하는 것으로 알려졌다. 모시풀은 들에서 많이 자라지만 이곳에선 길옆이든 바위사이든 가리지 않고 많다. 육지보다 잎이 넓고 억센 편, 그래서 왕모시풀이다. 1미터 넘는 것도 있다. 곧게 서며 가지를 친다. 잎은 넓은 달걀 모양으로 톱니가 있으며 두껍고 꺼칠꺼칠하다. 7~10월 피는 연녹색 꽃은 위쪽에 암꽃, 밑에 수꽃이 달리고 잎겨드랑이에서 핀다. 남쪽 바닷가에 자란다.

물결은 사르르 모래를 끌고 자장가처럼 잔잔한 소리가 정겹다. 거문도 호텔, 다도해 해상국립공원거문도분소 거쳐 올라가는 길, 30분 남짓 걸어 무화과·소철·곰솔·돈나무……. 은비늘처럼 반짝이는 억새 따라 올라간다. 도깨비쇠고비는 돌로 쌓은 성터마다 늘어졌고 왕모시풀·여뀌·수크렁, 고개를 숙이고 지나는 동백숲엔 꽃잎이 밟힌다. 소리쟁이·쑥은 아직도 풋풋한 여름잎 뽐내며 제철같이 자란다.

송악·참식·사스래피·삼나무, 박새·쑥, 동백터널 길 지나 오후 2시 45분 능선길(불탄봉1.2·보로봉1.3킬로미터). 일제강점기 일본군이 쏜 포탄이 떨어져 불이 났대서 불탄봉이다. 오른쪽 바다에 깎아 세워 아찔한 용무늬절벽, 동백숲 사이 비친 햇살이 모자이크처럼 보여 환상을 연출하고 있다. 바닥엔 노란 산국(山菊), 3시경 수월산(해발127미터) 너머로 멀리 백도, 오른쪽 세 개의 섬 하도(下島), 상도(上島)는 왼쪽 예닐곱의 섬이다.

지나온 길 돌아보니 한 폭의 수채화, 나는 그림 속의 나그네 되어 따가운 햇살도 감미롭게 받아들이며 걸어갈 뿐. 여기서 더 이상 무엇을 바라며 무엇을 추구 할 것인가? 분홍빛 열매 작살나무 잎이 무척 크다. 오른쪽 망망대해 왼쪽으로 거문도 내해(內海)다. 바위섬들 바라보며 걷는데 곰솔나무 주변 길 바닥에는 자연석 돌을 깔았다. 오후 3시 갈림길(뒤 불탄봉1.7·앞 신선바위0.5·왼쪽 유림바

숲길

위0.7킬로미터). 바위 끝으로 하얀 등대 꼭대기 빨간색깔이 푸른 바다와 절묘한 배색이다. 수월산 해안절벽 끝점에 아슬아슬 매달린 거문도 등대는 바다와 어우러져 절경. 더 넓은 바다와 높은 하늘을 바라보는 감동은 걷기 좋아하는 사람들만의 특권 아닌가?

20분 지나 고로봉, 이정표는 없고 바다에 뱃소리 나는데 왠 산불조심 방송? 바다에 대놓고 방송을 하니 육지에서 경험하지 못한 일이라 웃음이 나온다. 잠시 후 긴 내리막 돌계단 내려서서 갈림길(유림해변 1.2·신선바위1.1·거문도등대1.5킬로미터). 왕작살나무, 갯고들빼기·갯까치수염·거문딸기·해국……. 도깨비쇠고비와 털머위는 꼭 같이 붙어산다. 일행인 드러머(drummer) 친구 내외는 근육경련으로 내려오는 계단에 주저앉아 꼼짝 않는다. 다시 긴 계단을 올라가 부축해 내려왔다. 작살나무·우묵사스레피나무, 웬걸 잎과 열매가 크다고 했더니 왕작살나무다. 작살나무에 비해 모든 것이 더 크고 산기슭에서 자라는 작살나무와 달리 바닷가를 따라 산다. 남해안과 제주도에, 일본·대만까지도 퍼져있다.

"이 섬에 병사(兵士)가 있었는데 무당에게 홀려 물에 빠져 죽었대."
"……"
짙은 분홍빛 열매는 마음을 사로잡은 무녀(巫女)를 닮았다.
"바닷가에 사는 왕작살나무는 빨리 자라고 싹트는 힘도 억세."
"남정네를 작살냈구먼."
"그래서 작살나무다."

거문도에 제일 높은 망향산(247미터)이 있지만, 등산로가 제대로 되어 있지 않아 산길은 서도에서 이어진다. 남북으로 길게 뻗은 서도 양 끝에 거문도·녹산 등대가 서 있다. 음달산·불탄봉·보로봉(전수월산)·수월산 연결구간을 서도지맥으로 불리고 5시간 정도 잡아야 한다.

서도에서 바라본 고도와 동도

오후 4시경 목넘이 바닷가, 파도가 높으면 물이 갯바위를 넘나든대서 물넘이, 무넹기, 수월산. 눈길을 끄는 건 파도와 햇볕이 만든 소금. 순도 100퍼센트 자연산 천일염이다. 일행들은 바위에 앉아 신발을 벗고 잠시 숨을 돌린다. 갯고들빼기와 동백꽃잎. 상쾌한 갯냄새에 심호흡 하니 가슴이 후련하다. 바위에 누워 하늘 올려다보면 어느새 어릴 적 동심으로 돌아간다.

목넘이 소금

수월산, 멀리 거문도 등대

4시 10분 갈림길(유람선선착장0.3·여객선터미널3·영해기점상징조형물1·거문도 등대1킬로미터). 파도소리 들으며 걷는 산길에 털머위, 동백·돈·보리장·예덕나무……. 4시 35분 거문도등대, 영해기준점(독도546·백령도495·마라도138·이어도 288킬로미터). 백도를 바라보는 관백정, 등대 안으로 들어가 맨 꼭대기 계단으로 올라 내려왔다. 거문도 등대는 우리나라 두 번째로 1905년에 세워졌고 1903년 팔미도 등대가 최초다. 100년 동안 외로운 섬에서 뱃길을 밝혀왔으니 얼마나 장한가?

거문도 등대

오후 4시 40분 등대를 두고 돌아오다 왼쪽 바다 멀리 흐릿한 섬. 발아래로 펼쳐지는 망망대해(茫茫大海)[5] 이국적인 절해

5 아득하고 크며 넓은 바다.

유림해변

물빠진 개펄

고도(絶海孤島)[6], 끊어질 듯 벼랑 아래 짙푸른 바닷물이 넘실댄다.

"봐! 한라산이 보인다."

"……"

"어디?"

"……"

저마다 호기심으로 쳐다보는데 바다위로 한라산이 뚜렷이 나타났다. 휴대폰으로 다들 사진 찍느라 한참 머물렀다. 오후 5시경 목넘이 지나 선착장(3킬로미터)으로 걷는다. 갯방풍인 줄 알고 씹은 풀 냄새 아직도 입안에 남아있는데 싫지는 않다. 갯강활.

갯강활(羌活)은 남해안·제주도·거문도 갯가에 자라는 여러해살이풀, 일당귀(日當歸 일본당귀)·왜당귀·차당귀로 불린다. 여름에 흰색 꽃을 피우고 줄기 위쪽에 가지를 쳐 0.5~1미터까지 자란다. 줄기에 어둔 자주색 줄이 있다. 잎자루가 길고 잎은 달걀 모양 삼각형 깃꼴겹잎, 윤이 많이 난다. 빈혈·보혈·치질·항암에 쓰이며 생 뿌리는 술을 담그고 쌈·장아찌로 먹을 수 있다.

6 뭍에서 멀리 떨어진 바다 가운데 외로운 섬

도깨비쇠고비[7]
돈나무[8]
갯강활[9]
동백[10]
갯고들빼기[11]
예덕나무[12]
털머위[13]
왕작살나무[14]
왕모시풀[15]
해국[16]

30분 더 걸어 낮달이 떴는데 갯가에 앉아 한 잔씩 나눠마셨다.

"만주형통(萬酒亨通)"

"……"

"술로 모든 것 이루자."

"……"

유림해변을 지나 오후 5시 40분 호텔입구, 외롭게 밀려오는 파도소리. 차르르 하늘에 달을 띄워놓고 청춘이 가는 소리, 세월이 흐르는 소리.

오후 6시 섬마을 숙소에 되돌아 왔다. 개펄에는 바닷물이 밀려와 가득 찼다. 소라와 부실이(방어새끼)회를 곁들여 일행은 주인부부와 같이 잔을 기울인다. 분위기 오르자 거문도 황칠나무로 담은 술을 내 주는데 말 그대로 약주다. 서도에 황칠나무 고목 두 그루 있다고 은근히 자랑한다. 예덕나무를 여기선 이장치나무로 부른다고 일러준다.

나는 영국군과 무당처녀의 러브스토리에 대해 물었으나 잘 알지 못하는 듯했다.

"……"

"다른 건 몰라도 영국 사람들 1년 한 번씩 왔는데 20년 전부터 안 와."

"……"

---

7 바닷가와 섬의 바위틈에 자라는 상록양치식물. 감기·해열·기생충 구제에 약으로 썼다. 도깨비가 붙은 이름은 가시가 있거나 뾰족하거나 달라붙는 것들이다.

8 남쪽 바닷가 산기슭에 자라는 상록관목. 만리향·해동·섬음·갯똥나무 등 여러 이름으로 불린다. 열매에서 점액이 나와 똥나무(제주도에선 똥낭나무)로 불리다 일본으로 전래되면서 돈나무가 됐다. 금전수는 따로 있다.

9 갯가에 자라는 여러해살이풀, 일당귀(日當歸 일본당귀)·왜당귀·차당귀로 불린다.

10 남서해안·제주·울릉도 등지에 자라는 상록수, 생육 한계선은 고창 선운사로 알려져 있다.

11 거문도·거제도 바닷가 바위틈에서 자란다. 두껍고 청록색을 띠는 잎은 내륙의 고들빼기와 같이 노란색으로 가을부터 핀다. 원줄기는 목질화 되어 겨울을 난다.

12 헛개·오동나무 잎을 합쳐 놓은 것 같아서 야오동(野梧桐)→야동→예덕이 되었다. 일본·중국에서 위궤양 치료약재로 각광받는다.

13 국화과 상록 여러해살이풀. 어린 잎자루는 먹고 잎은 약으로 쓴다. 경남·전남·제주 바닷가에 자란다.

14 작살나무에 비해 잎과 꽃이 더 크고 육지의 작살나무와 달리 바닷가를 따라 자란다.

15 육지보다 잎이 넓고 억세 왕모시풀이다. 섬유·그물·밧줄을 만드는 데 썼다. 말린 잎을 갈아 떡이나 칼국수로도 먹었는데 지방흡수, 산화를 억제하는 것으로 알려졌다.

16 중부이남 해변에 자라는 국화. 햇볕이 잘 드는 암벽이나 경사진 곳에서 자란다. 잎은 털이 많고 어긋난다.

갓 스물 처녀 무당이 죽은 아낙들 초혼 굿을 했다. 색동저고리 너울거리는 자태를 망원경으로 바라본 병사는 밤마다 헤엄쳐 나온다. 마을 어른들은 화냥기를 그냥 둘 수 없다 해서 무당을 멀리 보내기로 한다. 처녀가 떠나는 날도 병사는 헤엄쳐 왔으나 거센 파도에 휩쓸리고 만다. 바다에 처녀들이 빠져 죽으면 영국귀신이 잡아갔다는 이야기가 전한다.

한 잔 술 오르니 서도의 화력발전소, 백도에 쇠말뚝 박아놓은 일이며 거문도에서 돈 자랑하지 말라는 등 온갖 이야기 다 뱉는다. 일부러 분위기를 바꾸어 버렸다.

"산산이 부서진 이름이여, 허공중에 헤어진 이름이여, 불러도 주인 없는 이름이여 부르다 내가 죽을 이름이여."

"......"

"이 자리 모인 거룩한 이름들을 위하여."

"옛날 거문도를 삼도라 불렀어. 섬에 쌀 한 가마니 3만2천 원 할 때 삼치[17] 값 35천 원, 삼치 때문에 돈 많이 빌었지."

"......"

거문도는 3개 섬으로 동도·서도·고도, 서도가 제일 크지만 고도(古島)가 행정 중심, 여객선도 이쪽으로 다닌다. 병풍처럼 둘러쳐진 바위섬 천혜의 항구, 무역선 등 큰 배들이 드나들 수 있어 피항지였으며, 19세기 말 열강들의 각축장이 되기도 했다. 삼도·삼산도·거마도 등으로 불리다 청나라 제독 정여창에 의해 거문도(巨文島)로 불렸다. 문장가[18]들이 많이 산다는 의미.

---

17 고등어·꽁치와 대표적인 등 푸른 생선, 망어(亡魚)라 해서 사대부는 잘 먹지 않았다. 몸이 길죽하다. 두뇌발달, 치매·암 예방에 효과. 서남해안에서 많이 잡힌다.

18 거문도 출신의 유학자 귤은(橘隱) 김유(金瀏)(1814~1884), 동도에 귤은사당이 있다. 문장으로 이름이 높아 제자가 되려고 섬까지 찾아왔다고 한다.

영국군 묘지

여관주인은 홍합라면으로 일행들 취기를 유혹하고 섬의 밤바다는 나그네를 그냥 두지 않았다. 방파제 파도까지 술 취해 더 많이 흔들거렸다.

다음날 아침 6시 30분 숙소 앞에 모여 0.6킬로미터 위에 있는 영국군 묘지로 오른다. 10분지나 거문초교, 해밀턴 테니스장. 이곳이 우리나라 최초의 테니스장으로 영국군이 만든 것이다. 고도에 항구를 비롯해 당구장까지 만들었다.

돌계단마다 처참하게 떨어진 동백꽃, 그 꽃잎을 이지러지도록 밟고 올라서는 일행들, 떨어진 꽃이나 밟는 사람이나 한갓 연약한 생명에 지나지 않는다. 6시 50분 영국군묘지(회양봉전망대0.5킬로미터). 동쪽 바다와 하늘은 경계도 없이 아침 햇살에 핏빛으로 물들었다. 모든 것이 붉다. 바람의 식물도, 이야기도, 사람도, 하얀 십자가, 섬 빛을 머금은 돌, 도깨비쇠고비, 떨어진 꽃잎들…….

거문도 일출

"긴 밤 지새우고, 풀잎마다 맺힌 진주 보다 더 고운 이침이슬처럼, 네 맘의 설움이 알알이 맺힐 때, 아침 동산에 올라 작은 미소를 배운다. 태양은 묘지 위에 붉게 떠오르고~"

1885년 4월 영국이 러시아를 막는다는 핑계로 거문도를 무단 점령[19], 군함과 수송선을 정박시키고 2년간 머무르며 포트해밀턴으로 불렀다. 조선은 한 달 뒤 청

19 거문도 사건 : 조선과 관계를 맺고 세력을 확장한 러시아를 견제하기 위해 거문도를 점령하고 군사 시설을 만들었다. 청나라 중재로 러시아가 조선영토를 점령하지 않는다는 약속을 받고 물러났다.

영국군과 마을 사람들

나라를 통해 점령사실을 알았고 거문도는 열강의 각축장이 된 것. 영국군은 이곳 거문초등학교 자리에 막사를 지었다. 점령군이었지만 섬사람들에게 초콜릿·통조림을 나눠주고 품삯을 주며 일을 시키고 치료도 해줬다고 한다. 포탄사고로 죽은 영국군 무덤 3개가 남아있다.

7시 10분 회양봉 전망대에서 떠오르는 아침 해를 본다. 동도·서도·현수교·가두리양식장. 이곳에 서있으니 모든 섬들이 눈앞에 들어온다. 내려가며 거문리 한적한 갯가로 걸었는데 바위틈마다 해국(海菊), 노란꽃 털머위, 원주민들도 잘 모르는 왕모시풀, 산쪽풀, 갯당귀. 잔잔한 바닷가에 앉아 지나가는 배를 쳐다본다. 뱃소리 통통통, 파도소리 촐촐촐…….

8시 반에 떠나는 이들을 위한 아침밥상 맑은우럭탕, 쑥막걸리를 내어준다. 일행들은 저마다 삼치와 갈치를 샀다. 다시 올 수 없는 바다, 처녀무당과 영국군 병사 이야기가 멀어지는 섬을 자꾸 뒤돌아보게 한다.

탐방길

고도에서 거문도 등대까지 대략4.8킬로미터·2시간 20분 정도

고도 → (30분)유림해변 거문도호텔 → (15분)능선길 → (15분)신선바위 갈림길 → (20분) 고로봉 → (25분)유림해변 갈림길 → (25분)목넘이 → (10분)거문도 등대

※ 6명이 보통 걸음으로 원점으로 되돌아오는데 전체 4시간가량 걸림.

영남 알프스의 맏이 가지산

신갈나무벌레집 / 쌀바위 전설 / 영남알프스 / 가지산 유래 / 도의선사 / 석남사

숲은 울창하고 잘 보전된 원시림, 산목련·노각나무와 서어나무 군락지, 소나무들이 일품이다. 거의 한 시간을 헤매면서 숲 구경 한 번 잘 했다. 돌과 어우러진 계곡으로 바람이 차고 온갖 나무들은 저마다 활력을 뽐내는데 햇볕에 가려진 산동백·밤나무·쪽동백……. 자연은 늘 가려져서 귀하고 아름다운 것 아닌가?

가지산에는 서너 번 온 듯하다. 석남 터널위로 올라 중봉, 정상, 쌀바위로, 석남사 주차장에서 중봉으로 많이 오르곤 했는데 이번에는 반대편으로 가기로 했다.

오전 9시 50분 석남사 주차장(정상6.5킬로미터)에는 기념품 가게, 음식을 파는 식당마다 물건을 잘 정리해서 가지런하다. 북쪽으로 멀리 보이는 귀바위, 쌀바위 좌우로 산들이 빙 둘러 진을 쳤다. 주차요금 2천원, 석남사 매표소에는 두 사람 3천4백 원의 입장료를 받는다. 오래된 소나무, 서어나무 옆으로 시냇물 소리 들으면서 발길을 옮긴다. 석남사를 두고 오른쪽 등산길 안내표지가 있는데 무슨 행사를 하는지 마이크 소리 요란하다. 현충일이라 길가의 순국비 앞에서 선열을 기리는 의식을 치르고 있다. 좀 머쓱해서 길 아래로 돌아 걸었다.

10시 20분 등산로 입구(정상5.5킬로미터), 숲 그늘 산길 따라 속세에 찌든 것들 푸푸 뱉으며 꼭대기로 올라간다. 소나무와 참나무 적당하게 섞여 숲 냄새와 공기도 맑다. 노각나무, 두꺼운 껍질을 붙인 굴참나무 일품이다. 밤꽃 냄새 진한 산길이 가팔라서 땀 흘리기 좋은데 군데군데 임도길은 등산객에게 환영받지 못할 것 같다. 콧등을 타고 땀은 흐르고 11시 바위에 앉아 쉰다. 1시간 정도 오르면서 벌써 1리터 물 한통을 다 마셨다. 시멘트길 지나 11시 45분부터 평평한 능선, 스틱에 힘을 주며 2시간 올라왔다.

정오에 상운산(上雲山1,114미터), 밑에 운문산 자연휴양림이 바위산 아래 있고 산들은 군데군데 생채기 진 모습이 역력하다. 시끄러운 공사장 소음에 새 한 마리 보이지 않는다. 아예 가슴팍을 가로질러 할퀴어놨으니 빗물에 쓸려간 흙들이 그대로 드러나 있다. 15분 지나 헬기장 전망대, 아래쪽에 석남사, 언양 읍내가 보인다. 노린재·신갈나무, 은방울 꽃 군락, 온산에 길을 만들었고 차들이 몰려와 칡즙을 팔고 있다.

신갈나무에 불그레한 열매가 달렸는데 가만 보니 벌레집, 충영(蟲瘿)[1]이다. 벌레의 자극에 의해 식물이 스스로 만든다. 피해를 줄이려 벌레들이 혹에만 머물도록 방어막을 치는 일종의 꼬리자르기인 셈. 열매처럼 생겼으나 잘라보면 스펀지 같다. 참나무류(상수리·굴참·떡갈·신갈·갈참·졸참나무)의 성장을 방해한다. 식물에 감정이 없다고 하는가? 식물은 기쁨·두려움을 구분하는 등 심리적 작용이 가능하다고 믿는다. 뇌가 없더라도 감정을 갖고 있으며 그것은 다른 것으로부터 기인한다는 가설을 세울 수 있다. 앞으로 유망한 개척분야(Blue Ocean)다.

신갈나무 벌레집

윤판나물·까치수염·둥굴레, 미역줄·광대싸리·쉬땅·신갈·쇠물푸레·진달래·철쭉·당단풍·싸리나무……. 땀은 수첩에 뚝뚝 떨어져 볼펜이 잘 구르지 않는다. 지금부턴 오르막 없는 거의 평지 같은 능선이다. 열심히 걸었는데 눈앞에는 차들이 막아선 12시 반.

어떤 스님이 열심히 불경을 외는데 바위틈에서 쌀이 조금씩 흘러나오는 것이었다. 힘들게 동냥하지 않아도 되었으나 구멍을 크게 뚫어 더 많이 나오길 바랐다. 그러나 쌀은 간곳없고 지금처럼 물만 흘러내렸다.

---

1 줄기·잎·뿌리에서 볼 수 있는 비정상적인 혹 또는 식물의 팽대부(곤충·선충·균류 등의 기생자극에 의해 생김).

암벽너머 쌀 바위(米岩)에서 멈췄다. 졸졸졸 감질나게 나오는 물을 받으려 사람들이 줄 섰다. 날은 덥고 땀은 나고 나도 줄을 서서 물을 받아 마신다. 오늘 물 값은 욕심에 대한 경계다.

쌀바위

바위를 돌아올라 아래 보이는 석남사에 눈을 떼려니 12시 45분, 옆에는 진혼비가 서 있고 경이로운 암벽이 외경(畏敬)으로 다가온다. 노박덩굴·산목련·굴참·시닥·개쉬땅·마가목·산목련·개옻·부게꽃나무……. 힘든 나무계단을 올라 헬기장, 가파른 바위산 15분가량 오르니 무릎이 욱신거리고 산목련 봉오리를 위안삼아 어느덧 가지산 정상에 다다랐다. 우리가 10여 년 전 겨울에 왔을 땐 황량한 바위산이었지만 세월이 흘러서일까 안내표시와 표지석도 다소 세련됐다.

오후 1시 20분 해발 1,240미터 가지산 정상(석남터널3.1중봉0.7·쌀바위1.3·운문산5.3·석남터널3.1·석남사4.2·쌀바위방향석남사7킬로미터),팥배·노린재·미역줄·병꽃나무……. 하루살이들의 천국. 멀리 바라보이는 억산(944)·운문산(1,188)[2]·고헌산(1,034)·간월산(1,069)·신불산(1,159)·영축산(1,081)·능동산(983)·재약산 사자봉(1,189)·수미봉(1,119)……. 고속도로 너머 천성산(922)까지 동서남북 사방으로 산들의 파노라마. 신증동국여지승람에는 석남산(石南山), 가지산은 1979년 도립공원이 됐다. 밀양·양산·청도·울주 등에 걸쳐 있다.

낙동정맥 아랫자락에 솟은 1천미터 이상의 산들을 일컬어 영남알프스라 부르는데 가지산이 최고봉이다. 광활한 고원지대에 가을이면 억새밭이 장관을

2 억산·운문산은 한국 유산기(흘러온 산 숨 쉬는 산)에 연재.

이루고 쌀바위 능선구간은 온갖 모양의 바위, 석남사를 비롯한 얼음골과 폭포가 어울려 영남의 으뜸 산군(山群)으로 알려져 있다. 영남알프스 이름은 논란이 있지만 일제 강점기 일본의 북알프스[3]와 비슷해서 일본인들이 지었다고 전한다. 사대주의적 명칭이라 얘기하기도 한다.

정상에 표지석 하나 더 세워 놓았는데 원래 것과 높이 표기가 서로 다르다. 차라리 똑같이 만들던지…. 보는 사람들마다 갸우뚱거린다. 얼마나 쓰레기를 많이 버렸으면 파리 떼가 이렇게 날아다닐까? 조금 내려서 저 멀리 쌀 바위 바라보며 간단히 점심, 오후2시 정상에서 석남사 쪽으로 발길을 돌린다. 신갈·철쭉·미역줄나무……. 겨울이 오면 이 구간은 여느 산보다 더 황량해진다. 45분쯤 내려서 석남터널 이정표·철쭉군락지 안내판, 요즘은 웬만한 등산길마다 나무계단을 놓아 내려가기가 오히려 불편하다. 오후3시 갈림길(주차장1.7·가지산1.9·석남터널0.5·능동산3.8킬로미터)에 닿는다. 바로가면 낙동정맥, 능동산, 우리는 석남사로 가기 위해 왼쪽으로 간다.

3 일본 혼슈의 기후(岐阜)·도야마(富山)·나가노현(長野縣)에 걸쳐 있는 3천미터급 히다(飛騨)산맥.

잠시 내려가면 석남터널이고 여기서 석남사 가는 길은 가깝다. 석남터널 갈림길에서 친구의 뜻에 따라가다 엉뚱한 방향으로 흘러갔다. 숲은 울창하고 잘 보전된 원시림, 산목련·노각나무와 서어나무 군락지, 소나무들이 일품이다. 거의 한 시간을 헤매면서 숲 구경 한 번 잘 했다. 돌과 어우러진 계곡으로 바람이 차고 온갖 나무들은 저마다 활력을 뽐내는데 햇볕에 가려진 산동백·밤나무·쪽동백……. 자연은 늘 가려져서 귀하고 아름다운 것 아닌가?

오후 4시, 석남사 그늘이 기울어질 무렵 물통에 다시 물을 채우고 승탑으로 올라간다. 분홍빛 가득한 부처 꽃이 절집과 어우러져 아름답다.

"석남사는 신라 때 도의(道義)선사가 처음 세웠다고 전한다. ~ 승탑(僧塔)[4]은 도의국사의 사리탑이라고 전하지만 자세한 것은 알 수가 없다."고 씌었다.

"……"

"도의선사 승탑은 양양 진전사지에 있잖아."

"여기에 또 있다니 이해하기 어려워."

석남사 가지산은 장흥 가지산과 이름이 같으니 혼돈을 했거나 절의 위상을

4 승려의 사리나 유골을 보관하는 탑(부도).

위해 의도적으로 도의선사를 끌어들인 것이라는 의견이 있다. 사실여부는 그렇다 치고 가지산은 인도와 중국에도 있다. 가지(迦智)는 석가모니의 지혜, 까치의 옛말이라고도 한다.

도의선사의 성은 왕씨로 북한산 근처에서 났으나 당나라에서 37년을 배우고 돌아와 한국 선 사상(禪法, 禪佛教)의 초조(初祖)가 된다. 마음을 가다듬고 정신을 통일하여 깨달음에 이르는 수행법이 선(禪)[5]이다. 그러나 당시 세상을 어지럽히고 백성을 속인다(惑世誣民)해서 배척하였다. 파격적[6]이고 지배층의 기득권을 위협한다는 것. 때가 아님을 알고 설악산 진전사에서 40년 수행하다 죽는다. 체징은 장흥 가지산(迦智山)으로 옮겨 가지산파의 선(禪)을 일으켰다. 도의·염거·체징으로 이어졌다.

석남사(石南寺)는 조계종 제15교구 통도사의 말사인데 울산시 울주군 상북면(上北面) 가지산 동쪽 기슭에 있다. 6·25전쟁으로 폐허가 되어 복원, 비구니(女僧) 수련사찰이다. 경기 안성에도 석남사가 있다.

내려오면서 몸통마다 상처투성이 아름드리 소나무를 만난다. 태평양전쟁 무렵 연료공급이 끊긴 일제가 송탄유(松炭油)[7]를 만들기 위해 저지른 만행, 강토의 소나무들이 잔혹하게 당한 흔적을 어딜 가나 심심찮게 볼 수 있다. 절집의 청룡·백호와 물길을 가늠하며 내려간다. 다리 밑에서 옷 벗고 목욕하는 몰상식한 모습을 외면하다 넘어질 뻔했다. 오후 4시 35분 주차장에 돌아왔다.

---

5 달마가 중국에 선법을 전해서 달마·혜가·승찬·도신·홍인·혜능으로 이어졌다.

6 마음을 곧게 하면 누구나 부처가 될 수 있다(直指人心 見性成佛).

7 일제강점기 송진을 채취해 전쟁물자로 썼다고 알려졌다. 소나무에 'V'자로 상처를 내 송진을 받거나 가지, 옹이, 뿌리를 가마솥에서 끓여 기름을 얻었다.

탐방길

전체 13킬로미터·6시간 20분 정도

석남사주차장 → (30분)석남사경내 등산로입구 → (40분)임도 → (45분)능선길→ (15분)상운산 → (15분)헬기장 전망대 → (15분)쌀바위 → (15분)진혼비 → (35분)가지산 정상(40분 휴식 점심) → (45분)석남터널 이정표 → (15분)능동산·석남터널 갈림길 → (60분)석남사경내 → (35분)석남사 주차장

※ 더운 날 보통 걸음의 산길(기상·인원·현지여건 등에 따라 다름)

참고문헌

『지구의 절반』, 에드워드 윌슨, 사이언스 북스, 2017
『인간 본성에 대하여』, 에드워드 윌슨, 2011
『인류세』, 다큐프라임 제작팀, 2020
『2050년 거주불능지구』, 데이비드 월러스 웰즈, 2020
『사피엔스의 멸망』, 토비 오드, 2021
『조선의 생태환경사』, 김동진, 2017
『녹색세계사』, 이진아 옮김, 2003
『월든』, 헨리데이비스 소로, 2013
『신증동국여지승람 1~7』, 민족문화추진회, 1988
『한국의 민속종교사상』, 삼성출판사, 1985
『옛 시정을 더듬어』, 손종섭, 1992
『옛 시조감상』, 김종오, 1990
『경제로 읽는 교양세계사』, 오형규, 2016
『남명조식의 학문과 선비정신』, 김충열, 2008
『선(禪)』, 고은, 2011
『육조단경』, 혜능, 2011
『답사여행의 길잡이 1~12』, 한국문화유산답사회, 1999
『삼국유사』, 을유문화사, 1976
『삼국사기』, 일문서적, 2012
『인물 한국사』, 이현희, 1990
『병자호란1~2』, 한명기, 2014
『역사산책』, 이규태, 1989
『등산이 내 몸을 망친다』, 비타북스, 2013
『미학, 하르트만』, 1983
『한국 가요사 1~2』, 박찬호, 2009
『현대시학』, 홍문표, 1991
『행복의 심리학』, 이훈구, 1997
『소나무 인문사전』, 한국지역인문자원연구소, 2015
『한국건축 용어사전』, 김왕직, 2012
『전설 따라 삼천리』, 명문당, 1982
『한국의 야사』, 김형광, 2009
『한국의 민담』, 오세경 엮음, 1998
『조선중기의 유산기 문학』, 집문당, 1997

『택리지』, 을유문화사, 2013
『우리나무 백가지』, 이유미, 1999
『터』, 손석우, 1994
『우리 땅 우리풍수』, 김두규, 1998
『침묵의 봄』, 레이첼 카슨, 2009
『숲속의 문화 문화속의 숲』, 임경빈 외, 1997
『한국의 사찰』, 김학섭, 1996
『사찰기행』, 조용헌, 2010
『한국귀신 연구』, 신태웅, 1989
『한국불상의 원류를 찾아서 1~3』, 최완수, 2002
『한국수목도감』, 임업연구원, 1987
『사랑 그리고 마무리』, 헬렌 니어링, 2000
『조화로운 삶의 지속』, 헬렌 니어링, 2002
『생명사랑 십계명』, 제인구달, 2003
『명상록』, 마르쿠스 아우렐리우스, 1988
『에밀, 루소』, 대문출판사, 1978
『한국철학 사상사』, 한국철학사연구회, 1999
『위대한 탐험가들』, 이병렬 옮김, 2010
『우리 강을 찾아서』, 한국수자원공사, 2007
『등산기술 백과』, 손경호, 1993
『한국 600산 등산지도』, 성지문화사, 2009
『찾아가는 100대 명산』, 산림청, 2006
『세계는 기적이라 부른다』, 산림청, 2007
『조선왕조실록』, 박영규, 1998
『고려왕조실록』, 박영규, 1998
『삼국왕조실록』, 임병국, 2001
『산림경제 1~2』, 민족문화추진회, 1985
『한국사상사』, 유명종, 1995
『한국유학사』, 배종호, 1997
『종의 기원』, 을유문화사, 1983
『현대시학』, 홍문표, 1991
『동물기』, 을유문화사, 1969
『서울 땅이름 이야기』, 김기빈, 2000
『땅이름 국토사랑』, 강길부, 1997
『돌 위에 새긴 생각(學山堂印譜記)』, 정민, 2000
『총균쇠』, 제레드 다이아몬드, 1998

/ 찾아보기 /

ㄱ

ㅍ

ㅎ